LE GUIDE
DU NAVIGATEUR.

LE GUIDE
DU NAVIGATEUR

DANS L'OCÉAN ATLANTIQUE,

OU

TABLEAU

DES

BANCS, RESCIFS, BRISANS, GOUFFRES ET AUTRES ÉCUEILS QUI S'Y TROUVENT,

Avec l'examen des Documens qui établissent ou contestent leur existence ;

SUIVI

1º. D'une Table exacte des déclinaisons de la Boussole, avec les dates des époques où elles ont été observées ;

2º. D'une Série d'Expériences qui tendent à prouver qu'en vérifiant de temps en temps la profondeur de la mer, et sa chaleur relative, au moyen du thermomètre, on peut être averti des dangers qui sont sur la route d'un vaisseau, assez à temps pour les éviter, quoique le mauvais temps empêche de reconnaître la nature du fonds ou de faire des observations astronomiques ;

3º. D'un Tableau de faits propres à constater le cours des îles de glace du Groënland vers Terre-Neuve, etc.

TRADUIT DE L'ANGLAIS D'EDMOND BLUNT, GÉOGRAPHE AMÉRICAIN.

PARIS,

CHEZ Mme. SEIGNOT, LIBRAIRE-ÉDITEUR, Quai Saint Michel, maison de la Lingère.

1822.

PRÉFACE.

—

Depuis longtemps les marins qui parcourent l'Océan, se plaignent de ce que les cartes marines les meilleures ne leur donnent que des renseignemens douteux sur le gisement des *bancs, rochers, brisans, gouffres et autres écueils* qui les menacent lorsqu'ils voguent de l'un à l'autre hémisphère. Ici, on les force à changer la direction de leur marche pour éviter tel rocher qui n'a jamais existé que dans l'imagination de quelque marin inexpérimenté; là, ils voguent avec confiance sur la foi d'un géographe imprudent, et ils ne sortent de leur sécurité que lorsqu'il n'est plus temps d'éviter le danger: enfin chaque jour est signalé par des naufrages causés par l'inexactitude des cartes marines.

(vj)

Ce serait rendre un service important au monde maritime et commercial , que de lui offrir le tableau complet des observations et des documens qui pourraient donner des notions certaines sur tous les *écueils* qui rendent si hasardeuses les navigations de long cours ; mais ce travail a été jusqu'à présent au – dessus des connaissances de nos meilleurs géographes , leurs travaux n'ont jamais pu embrasser que quelques parties limitées, que de nombreux voyages ont permis d'explorer avec soin.

Un géographe américain , EDMOND BLUNT , auteur de plusieurs cartes précieuses , a dirigé longtemps ses travaux vers la parfaite connaissance de l'Atlantique , et il a composé un tableau précieux où tous les dangers de cette vaste mer sont classés avec soin : ce n'est pas le tribut de ses seules connaissances qu'il

offre aux navigateurs ; mais c'est le résultat de tous les renseignemens qu'il a
pu découvrir pendant ses longs travaux.
C'est cet Ouvrage que nous offrons au
Public. Nous ne vanterons pas ici son
mérite ; le nom de son auteur, et plus
encore son utilité, le recommandent assez ; il n'est pas un marin, pas un voyageur, qui ne sente combien il est précieux.

On trouvera dans cet Ouvrage un morceau que nous recommandons à la mé-
ditation des savans et surtout des marins ;
c'est une dissertation et une série de faits
qui tendent à établir qu'on peut, à l'aide
du thermomètre et de la sonde, et de
l'observation de la température de l'eau,
découvrir les bancs et écueils, et surtout
connaître avec précision si l'on approche
de la côte et combien de temps on peut
encore voguer sans danger.

Le *Guide du Navigateur* contient encore une série de faits relatifs aux îles de glace qui descendent du Groenland vers le banc de Terre-Neuve, et il est terminé par des instructions relatives aux vents, à la manière de sonder, etc.

Cette simple nomenclature suffit pour faire connaître combien cet Ouvrage est utile. Ce n'est pas seulement à MM. les officiers de marine que nous le recommandons, mais c'est encore à toutes les personnes que leurs affaires entraînent dans des navigations de long cours.

LE GUIDE

DU NAVIGATEUR

DANS L'OCÉAN ATLANTIQUE.

~~~~~~

CHAPITRE PREMIER.

Ecueils de la Première Classe.

(*Nota.* Les latitudes sont toutes Nord. — Les longitudes sont comptées à partir du méridien de Greenwich.)

Ecueils entre l'Equateur et le 20ᵉ Parallèle.

Ecueils au Sud du 15ᵉ parallèle. Les sept écueils ci-après sont marqués sur la carte anglaise de 1777. D'après cette autorité on les a mis sur celles publiées depuis. Le premier est communément désigné par le nom de *Bas-fonds français.* Il aurait été vu par des navires français de la Compagnie des Indes ; on prétend qu'il est à fleur d'eau , et qu'il a environ trois lieues de tour. Les hydrographes français
~~~~~~

le placent par 4° 15′ lat., et 19° 20′ long.; cependant, d'après le journal du capitaine anglais *Hayter*, sa lat. serait de 3° 30′, et la long. 19° 0′. Adoptant un terme moyen, nous aurons : lat. 3° 50′, long. 19° 10′.

Les autres écueils sont :

L'*Ile Saint-Paul*, ou *Penedo de Saint-Pedro*, lat. 1° 0′, long. 29° 30′; apparaît à cinq ou six lieues comme une masse de rochers séparés. Sa latitude fut observée à bord du navire *le Rouille*, en mars 1750. On l'a reconnu plusieurs fois depuis.

Brisans vus à bord du *César*, en 1730, par lat. 2° 17′, long. 22° 18′.

Bas-fonds d'Hinman, lat. 11° 59′, long. 26° 0′.

Vigia de cinq Palmas, d'après les Portugais. Cet écueil est vraisemblablement le même que le précédent; lat. 12° 0′, long. 27° 20′.

Rocher de Longchamps, peut-être le *Solis Island* des anciens navigateurs, indiqué d'après Vankeulen. Nous reviendrons plus tard sur cet écueil, dont la latitude est 9° 47′, la long. 30° 0′.

Baxo des Carcas, des Portugais, à 107 lieues O. S. O. de Brava, et selon Vankeulen, par 13° 5′ lat., 29° 45′ long.

(3)

Voilà les seuls documens que nous ayons
sur l'existence de ces écueils ; ils ne nous paraissent pas mériter une confiance entière :
et si l'on excepte le premier écueil, les autres
peuvent être considérés comme très-douteux.

Ecueils au Sud du 20ᵉ parallèle.

Bas-fonds à 70 *lieues N. O. de l'île Saint-
Jago.* Ce bas-fonds se trouve sur la carte anglaise de 1777. On prétend qu'il en est mention
dans les journaux de plusieurs navires anglais
de la Compagnie des Indes orientales. En quel
temps, et précisément par quels navires, c'est
ce que nous avons recherché vainement ;
comme aussi nous n'avons pu obtenir de notions précises sur la nature de ce danger ; dans
tous les cas, nous estimons qu'il serait par 16°
10′ de lat. et 27° 29′ de long.

Ecueil ou *Gouffre de Maalstroom,* lat. 16° 0′,
long. 37° 10′ O. ; très-incertain. C'est sur la
carte de Vankeulen que cet écueil parut pour
la première fois ; personne ne l'ayant vu depuis Vankeulen, lequel ne donne aucun détail
sur la profondeur de l'eau en cet endroit, nous
persistons à le regarder comme très-douteux.

Bas-fonds découvert en 1730 *par le gallion
le San-Fernando,* par lat. 15° 55′, long. O.
49° 40′, à 220 lieues E. de *la Martinique.*

Ce bas-fonds, que l'on indique aussi comme

1*

une chaîne de roches, fut découvert le 23 juillet 1730 par un français, nommé Longue-ville, pilote à bord du *San-Fernando,* commandé par M. de Navarro, amiral des galions. On ne peut douter de son existence d'après les détails dans lesquels entre ce Longueville, dont le journal est au Dépôt de la Marine, à Paris. Il paraît que *le San-Fernando* toucha dessus, et passa outre sans recevoir d'avaries. D'autres navires du même convoi touchèrent également, avec plus ou moins de violence, sans recevoir plus de dommages. Il y a aussi au Dépôt de la Marine, à Paris, une note relative à un bas-fonds situé par lat. 15°, à 228 lieues E. de la Martinique, sur lequel la sonde donnerait 40 brasses sur un fond de sable pur, d'après le rapport d'un nommé Simon Voette. On ne sait qui est ce Voette, ni à quelle époque il fit ces observations. Si cependant ce dernier bas-fonds existe, ce ne peut-être que celui sur lequel passèrent les galions espagnols.

Ile de Fonseca, lat. 12° 15', long. O. 54° 50'. Très-douteuse. L'existence de cette île ne paraît pas plus certaine que celle des îles Garca et Saint-Anna, placées sur la carte de Vankeu-len à l'ouest des Açores. Bellin et Jefferys ont copié Vankeulen. Les uns ont figuré un bas-fonds, les autres une île entourée de bancs de sable. La carte anglaise de 1777 l'indique comme un rocher mentionné par M. de la Gallissonière et autres navigateurs. Au résumé, ce point est très-douteux.

Autre écueil, par lat. 16° 35′, long. O. 58° 40′, à 60 lieues E. d'Antigoa. Cet écueil est très-douteux. Il est sur la carte publiée en 1742, par Bellin, d'après l'autorité de divers navigateurs, et sur celle de Longchamps, lequel marque aussi un autre écueil à 24 lieues E. S. E. du premier. Ces deux différens écueils sont probablement le même, si toutefois il existe. Aucun des nombreux vaisseaux qui parcourent cette latitude, en allant à Antigoa, n'en a fait mention depuis. Nous supposons que Longchamps n'a fait que copier Vankeulen.

Dangers entre les 20° et 30° Parallèles.

Bas-fonds longeant la côte d'Afrique, au sud du cap Bajador, et étendu du 25° 30′ lat. au 24° 30′, et du 15° 13′ long. O. au 15° 33′. Ce bas-fonds a été reconnu par MM. Verdun, Borda et Pingre, dans le voyage qu'ils firent à bord de *la Flore*, en 1771 et 1772. Les sondes diminuent régulièrement depuis la partie nord où elles donnent 50 brasses, jusqu'à la partie sud où elles n'en ont que 38. Plus loin, au sud ou à l'ouest, on ne trouve pas le fond à 150 brasses.

Écueil par les 24° 34' lat., et 65° 10' O., *découvert en* 1773. Cet écueil fut découvert par Mourant, capitaine du vaisseau *le Prince de Nizarre*, le 6 avril 1773. Ce marin paraît avoir été un navigateur intelligent et un observateur exact. Il décrit cet écueil comme un banc de sable rouge, dont plusieurs parties s'élèvent au-dessus de la surface de la mer, et forment des îlots séparés sur lesquels les flots se brisent, dans une étendue d'un quart de lieue environ du nord au sud. Le journal du capitaine Mourant ayant été soumis à MM. Verdun, Borda et Pingre, ils ont été à même d'apprécier avec toute l'exactitude possible la position du point en question.

Écueil par les 20° 50' lat., et 66° 55' long. O. (*à 45 lieues de Porto-Rico.*) Bellin, dans les Mémoires qui accompagnent la carte qu'il publia en 1742, le décrit comme un *banc de roches*, à 45 lieues nord environ de Porto-Rico, sur lequel se perdit un navire hollandais en 1701, et qui a été aussi reconnu par un vaisseau français. Un autre manuscrit du Dépôt de la Marine confirme ce fait, et ajoute que, d'après la déclaration de l'un et l'autre équipage, cet écueil peut avoir trois lieues de longueur, et qu'un îlot de sable se manifeste dans sa partie centrale, par les 21° 24′ de lat. Ces faits sont, outre cela, confirmés par la déclaration faite en décembre 1733, devant un des juges de l'Amirauté au port de la Paix, à Saint-Domingue, par Christophe Whipple, commandant le navire l'*Anne de Rhodes*. Le capitaine Whipple déclare avoir fait naufrage, le 27 novembre 1733, sur un écueil à 30 ou 40 lieues nord de Porto-Rico. Ces différens témoignages ne laissent aucun doute sur la réalité du danger en question ; mais sa position n'est pas assez rigoureusement déterminée. Cependant il y a au Dépôt de la Marine un manuscrit portant ce titre : « *Plan d'un Ecueil découvert par le* » *capitaine Michel Guigou, de Seine en Pro-* » *vence, dans un voyage au Cap Français,* » *à bord de* la Concorde, *en février* 1688. » D'après ce manuscrit, l'endroit en question serait à 45 lieues nord de Porto-Rico, et un peu incliné vers l'ouest ; en adoptant un terme moyen, conformément à l'opinion de MM. Verdun, Borda et Pingre, sa lat. serait 20° 50′, sa long. 66° 55′ O. Bellin le place un peu plus au nord, Whipple un peu plus au sud, Guigou entre les deux, et nous faisons comme lui.

Ecueils entre les 3o° et 4o° Parallèles.

Ecueil formé par des rochers, **par** 3o° 45′ de lat., et 1o° 3i′ de long. O. Cet écueil, distant de 9 lieues de la côte d'Afrique, a été découvert par le capitaine anglais Cléveland, lequel en donna connaissance à l'amiral Du Chaffaut, commandant une division française dans ces parages, en 1765.

Bas-fonds au N. E. de Porto-Santo, **par** 33° 14′ lat. Dans ses Mémoires de 1742, Bellin dit que par les 33° 17′ lat. N., le centre de l'île de Porto-Santo étant au S. O., il existe un bas-fonds sur lequel toucha le capitaine F. Doublet, d'Honfleur. Cependant M. de Chezac (qui commandait une frégate dans ces parages, en 1753 et 1754), dans son journal laissé au Dépôt de la Marine, dit : « Quant au
» danger cité par *le Petit Flambeau de la Mer*,
» et vu par le capitaine Doublet, on peut, et
» c'est l'opinion des marins du pays, en nier
» l'existence. Les cartes portugaises en font
» sans doute mention ; mais ce ne sont que des
» copies des cartes françaises. Les naturels de
» Porto-Santo ne croyent pas à ce danger, et
» il n'y a, selon eux, au N. O. de leur île,
» qu'un bas-fonds presque à fleur d'eau, et près
» de la côte, sur lequel on fait la pêche. »

(9)

Revenant à l'écueil qui est le sujet de cet article , nous le présumons le même que celui dont il est mention dans les instructions qui accompagnent *le Neptune Oriental* de M. d'Apres. Cet hydrographe dit : « A 3 lieues N.E. du » centre de Porto-Santo , il y a des rescifs sur » lesquels un vaisseau hollandais s'est perdu. » Or , si nous adoptons la latitude donnée par les Français (33° 5′) , la latitude de l'écueil serait 33° 14′. Une telle différence de position suffit pour admettre le doute; mais sans rien préjuger à cet égard , s'il fallait adopter un gisement , nous prendrions celui de M. d'Apres.

Le Faucon (en anglais *the Falcon*) , *rochers situés au nord de Porto-Santo.* Ces rochers ont été découverts en 1802 par *le Falcon,* sloop anglais. La moindre profondeur en cet endroit a été trouvée de 4 brasses $\frac{1}{2}$. Ces rochers sont à pic et gisent à 8 milles de la pointe la plus septentrionale de l'île , dont la plus grande partie paraît alors à l'ouest , c'est-à-dire que le côté occidental de l'île de Farol est au S. 11° O. , et que le côté oriental de la grande terre de Porto-Santo est au S. 25° E.

Si nous adoptons la lat. de 33° 2′ , et 16° 5′ long. pour le principal village de Porto-Santo, dont la position paraît , cette fois , avoir été déterminée par les officiers de la marine royale anglaise, les rochers en question seraient par les 33° 12′ $\frac{1}{2}$ de lat., et 16° 36′ $\frac{1}{2}$ long. Nous devons cette position à un excellent plan de l'île, publié à Londres, en 1802, sous les yeux du lieutenant-colonel Roberts et du capitaine Wolley. Sur ce même plan on voit représenté, nous le présumons, pour la première fois, un fonds de rochers, à l'E. de Porto-Santo, et à 3 milles E. S. E. de l'île de Serra, sur lequel il y a toujours 40 brasses de profondeur pour le moins.

Huit rochers, appelés quelquefois (*Seven Stones*) *les Sept Pierres*, à 40 lieues N. 5° E. de la pointe E. de Madère.

M. d'Apres parle de cet écueil, lequel ne paraît sur aucune des cartes antérieures à celle de l'Océan Atlantique publiée en 1766. Il fut découvert en 1732 par le capitaine Vobonne, de Londres, et par un navire bordelais qui allait aux Indes Occidentales. Le capitaine Vobonne compta 8 rochers à fleur d'eau. Il place celui qui est le plus au S. par les 34° 30′ lat., et ceux les plus au N. par les 34° 55′; il estime leur étendue E. et O. à 3 lieues, ajoutant que le premier du côté S. est à 40 lieues N. 5° E. de l'extrémité orientale de Madère. M. Fleurieu, considérant que le capitaine Vobonne devait avoir fixé la latitude de cet écueil, soit par des observations locales, ou d'après l'estimation de la route parcourue depuis la pointe E. de Madère, en conclut que cet officier a dû commettre une erreur, si la position de ce dernier endroit n'était pas marquée sur les anciennes cartes, comme elle l'est dans les nouvelles. Or, dans les cartes anglaises et hollandaises de cette époque, la pointe orientale de Madère était seulement par les 32° 30′ lat.; et dans une ancienne carte anglaise qui donne la même latitude pour le même lieu, l'écueil des 8 roches se trouve placé conformément à la description du capitaine Vobonne. Supposant donc le rocher le plus méridional, qui est le point central dans le développement, E. et O., à 40 lieues N. 5° E. du cap S.-Laurens, l'étendue de l'écueil N. et S. étant de 15′, et de l'E. à l'O. 11′, ou 3 lieues, nous trouverons qu'il doit s'étendre depuis 34° 45′ 15″ jusqu'à 35°, et depuis les 18° 42′ jusqu'aux 18° 53′ long. O. Si le capitaine Vobonne eût déterminé sa position d'après des observations, l'exactitude n'en serait pas suspecte; mais portés à croire qu'il s'est contenté d'une *estimation* d'après sa route, nous plaçons les 8 roches un peu plus au nord que lui.

MM. Verdun, Borda et Pingre, témoignent

leur étonnement de ce qu'un écueil aussi considérable n'ait été découvert qu'en 1732, et n'ait
pas été reconnu depuis, vu que ces latitudes
sont extrêmement fréquentées ; les mêmes considérations nous portent à ne rien avancer de
trop positif ou trop contraire relativement à
son existence.

Steenground, banc de sable, à 60 lieues environ à l'ouest de Madère.

Bellin, dans ses Mémoires de 1742, observe
que c'est conformément à l'opinion générale
qu'il place cet écueil à 60 lieues O. de Madère, quoique celui qui est marqué à 35 lieues,
dans la même direction, sur la carte manuscrite de Radoway, soit probablement le même.
Il est placé, dans la carte de Vankeulen, par les
33° lat., comme la pointe S.O. de Madère;
mais sur celles publiées en 1753, au Dépôt de
la Marine, sa latitude est de 32° 2', la distance
jusqu'à Madère étant seulement de 45 lieues.
Sur la carte de l'Atlantique, de 1757, la latitude est la même que celle de l'extrémité O.
de Madère, l'éloignement de ce dernier endroit étant de 60 lieues. La carte de 1766 offre
seulement le nom de *Steenground*, et on ne le
trouve même pas sur celles de Jefferys. C'est
en vain qu'on cherche des détails circonstan-
ciés. On pourrait, avec raison, douter de la

réalité de cet écueil ; dans tous les cas il faut rejeter la description de Vankeulen , qui en fait une île flanquée d'un banc de sable à l'O. Il est incroyable que dans une mer aussi fré-quentée, aucun vaisseau n'ait bien exploré cet écueil prétendu. Dans tous les cas , nous lui attribuerons le gisement suivant : lat. 32° 20′, long. O. 20° 56′. Notre latitude est le *medium* entre la carte de Vankeulen et celles du Dépôt de la Marine , de 1752 et 1757 , car l'on ne sait si elle est le résultat des observations ou d'une estimation approximative. Pour la longitude, nous avons réduit en degrés les 60 lieues de distance jusqu'à Madère.

Rocher par 36° 54′ lat. , 19° 49′ long. O. , à environ 82 lieues de Sainte-Marie , une des Açores.

Ce rocher fut découvert le 8 janvier 1733 , par J. Hammon , commandant le navire *les Trois Amis*, de Bordeaux , qui s'en approcha à moins de $\frac{3}{4}$ de lieue et l'observa soigneuse-ment : sa position fut à-peu-près déterminée , Hammon estimant que depuis cet endroit, jusqu'au cap Laroque , il avait fait environ 165 lieues. MM. Verdun , etc. , observent : « qu'en admettant la distance ci-dessus de cet écueil au cap La Roque , on obtient 1° 37′ de différence en latitude , et 10° 15′ de différence longitudinale. Or, le cap La Roque est par les 38° 46′ lat., et 9° 34′ long. O., d'où il suit que la latitude de l'écueil en question serait 37° 9′, la long. 19° 49′ O. Nous serions disposé à adopter le même gisement que Bellin, parce que ce géographe ne l'a arrêté qu'après un examen convenable du journal d'Hammon, et parce qu'en se conformant à cette opinion, les positions données par Hammon et la distance qu'il a parcourue ne sont presque pas altérées. Le point en discussion serait alors à 82 lieues E. de Sainte-Marie ; cependant Bellin dit qu'il n'est qu'à 50 lieues. Cette distance serait moindre encore, si la long. de l'E. de Sainte-Marie était de 22° 48′, comme elle est trouvée sur la carte de 1742 ; mais aujourd'hui on l'estime, selon M. Fleurieu, de 25° 6′ O.

Ecueil au nord de Saint-Michel, une des îles Açores, par 38° 50′ lat., et 24° 51′ long. O.

La carte de 1742 indique deux écueils au nord de Saint-Michel, l'un à 12 lieues de distance, l'autre à 28 ; dans le Mémoire qui l'accompagne, Bellin n'en dit absolument rien : dans les cartes postérieures ils furent supprimés. M. Fleurieu a également indiqué un écueil à 52° 30′ au N., et 24° 30′ à l'E. de la pointe septentrionale de Saint-Michel. Il s'y crut fondé d'après le rapport d'un pilote qu'il connut à

Angra, dans l'île de Tercere. Au reste, son avis est que ce danger ne diffère pas de ceux que nous avons cités plus haut, et entre lesquels il est intermédiaire. Ainsi que MM. Verdun, Borda, etc., nous acquiesçons à cette opinion.

Ecueil au S. O. de Corvo et de Flores, par 38° 10′ lat., et 34° 0′ long.

Cet écueil est, sur la carte de 1742, par les 57° 50′ de long., et 34° 18′ O. S. O. de Corvo et Flores. On le trouve aussi sur les cartes de 1737 et 1766, mais plus proche de l'île de Flores. Bellin copie probablement Vankeulen. Voilà les seuls renseignemens que nous trouvions, ceux de M. Fleurieu exceptés. Vankeulen a placé un banc de sable 43 lieues à l'O. S. O. de Flores, et un autre quelques lieues plus loin dans la même direction. Prenant un terme moyen entre les gisemens assignés, par rapport aux Açores, à l'écueil que nous discutons, M. Fleurieu le place par 33° 10′ lat., et 34° 0′ long. Tout en suivant ce navigateur intelligent, nous ne voudrions pas négliger les renseignemens d'un pilote qu'il connut à Angra, lequel estime la latitude moindre de 40′.

Ecueil à l'ouest des Açores, par 38° 24′ lat., et 39° 25′ long.

Cet écueil a été vu par le capitaine Chantereau lors de son retour de la Martinique , en 1721 , sur le navire *l'Auguste.* Ce capitaine dit que la mer s'y brise avec beaucoup de violence. Un mémoire relatif à une découverte semblable a été trouvé au Dépôt de la Marine française ; il est conforme à ce que nous venons d'avancer. On remarque tant d'incertitude dans les gisemens, particulièrement dans la longitude, que l'écueil du Mémoire, et celui que nous avons inscrit ci-dessus , pourraient être le même.

Ecueil au S. E. du Grand Banc de Terre-Neuve , par 39° 40′ lat. , et 41° 25′ long.

Bellin dit que cet écueil a été vu par le pilote Breton de la Rochelle , et n'est qu'un simple rocher. Un autre pilote, nommé Laisné, lui assigne, à peu de chose près, les mêmes gisemens que ci-dessus. On est porté à croire que cet écueil n'est autre que celui qui fut sondé par Roland , pilote de Tremblade , et le même aussi que celui que J[n]. Desmares reconnut, leurs positions différant à peine de quelques minutes en latitude, et d'un degré au plus en longitude. La carte de 1766 donne à ce point 39° 55′ de lat. , et 41° 20′ de long. ; cependant nous préférons la situation déterminée en 1742.

Rochers à l'E. des Bermudes , par lat. 32° 16′ , long. 68° 35′. Diverses cartes de l'Atlantique indiquent des rochers à environ 100 lieues

E. des Bermudes. Il est possible qu'en cela on n'ait fait que suivre l'autorité de Bellin, lequel marque, « à environ 100 lieues E. des Bermudes, » un banc de roches grêles qui ont été vues et » reconnues sur tous les points par un nommé » Louis Duhal, corsaire, ajoutant qu'il est ar- » rivé à plusieurs navigateurs de les prendre » pour les Bermudes, à cause qu'elles ont la » même latitude. » Bellin, dans sa *Description des Passages à Saint-Domingue*, observe qu'il y a, en cet endroit, des rochers visibles à la surface de la mer, quoique plusieurs hydro- graphes soient d'avis qu'il n'en existe pas.

Comme il résulte des excellentes observa- tions du capitaine Penrose, de M. Murdo- Downie et de lord Cochrane, que les Bermudes sont un degré plus à l'ouest et un peu plus au nord qu'on ne les plaçait autrefois, nous avons adopté pour l'écueil en question la posi- tion suivante : lat. 32° 16', long. 58° 35'.

Dangers entre le 40° et le 50° Parallèle.

Roche Bonne et les Bancs Verts dans la baie de Biscaye. Ces deux masses de rochers, peu éloignées l'une de l'autre, sont à l'E. de l'en- trée du passage Breton. Elles sont très-distinc- tement marquées sur toutes les cartes ; l'on en trouve une description détaillée dans *le Neptune Français*. Il n'y a aucun doute sur leur existence.

Les Rochers du Diable (en anglais *Devil's-Rocks*), par lat. 46° 24′ , long. 13° 10′.

Dans son Mémoire de 1742 , Bellin dit que par les 46° 55′ lat. , à environ 110 lieues O. S. O. d'Ushant, il y a à fleur d'eau un rocher , découvert en 1737 par le capitaine Brignon, commandant le navire *la Constance* , de Saint-Malo. Ce rocher paraît être le même que celui de la carte manuscrite de M. Redouay ; leurs gisemens du moins ne diffèrent presque pas ; ainsi les *Rochers du diable*, dont la lat. est 46° 55′, et la longitude 13° 10′ , d'après Delille , peuvent être le même danger. Ils sont indiqués sur plusieurs cartes. Ils furent particulièrement observés en 1764, par le capitaine Thomas, du Hâvre-de-Grâce. Ce navigateur intelligent et digne de foi envoya à l'abbé Dequemare une note où l'on trouve que le 23 mai 1764, immédiatement après avoir pris sa hauteur, à midi, laquelle était de 46° 24′, il aperçut à bas-bord, et à peu de distance, un écueil de couleur grise , recouvert de mousse, élevé de 3 pieds au-dessus de l'eau et d'environ 40 pieds de diamètre. Nous adoptons la latitude de 46° 24′. La longitude n'est pas aussi bien établie ; cependant l'estimation la plus juste la porte à 13° 10′.

Les Cinq Tétes (en anglais *les Five Heads*), lat. 44° 10′, long. 19° 25′.

Dans la carte française de 1766 il y a, sous cette dénomination, un amas de rochers, en partie au-dessus de l'eau, par lat. 44° 10′, longitude 19° 25′. Vankeulen les a placés un peu plus au nord dans la sienne. Il ne donne, ainsi que Bellin, aucuns détails. Les navigateurs qui les ont vus depuis, gardent le même silence. Dans ses cartes de 1757 et 1766, Bellin les a indiqués sur la seule autorité de Vankeulen. Ce point demeure incertain.

Mayda ou *Meda*, lat. 46° 15′, long. 19° 40′. Ce danger, ou prétendu danger, est placé sur la carte française de 1766, par 46° 48′ lat. et 19° 50′ long. Bellin considère la latitude comme incertaine et la longitude comme plus inexacte encore. Pierre Nau, dans un rapport présenté au Bureau de la Marine de Bordeaux, représente cet écueil comme une petite île blanche. Le capitaine Briden revenant de la Martinique sur le navire *la Marie*, découvrit Mayda le 2 avril 1738. Sa hauteur, déterminée par un temps favorable, se trouva de 46° 10′. Il remarqua cinq têtes de roches et un brisant, haut de 6 à 7 pieds au milieu de l'écueil. Ceci ne mérite pas plus d'attention que le rapport de P. Nau. En effet, si Mayda existe, nous devrions nous attendre à ce qu'il serait un écueil plutôt qu'une île ; et s'il était une île, beaucoup de marins l'auraient vue. Malgré tous nos doutes, nous conservons les gisemens de Briden : lat. 46° 15', long. 19° 40'. Ils sont un peu différens dans les cartes anglaises ; mais sur celles-ci on a sans doute copié l'ancienne carte de Robert Dudley, duc de Northumberland, dans son *Arcano del Mare*. Robert Dudley présente Mayda comme une île, et dans une note il observe que son existence n'est rien moins que prouvée.

Écueil au N. N. O de Mayda, par lat. 48° 7', long. 21° 0'.

On remarque sur la carte française de 1766, au N. N. O. de Mayda, un écueil par lat. 47° 42', long. 20° 40' ; il se présente encore ici des incertitudes. Bellin, dans son Mémoire de 1742, dit : « Un écueil a été vu le 24 » juin 1722, par Charles Negres, comman » dant le navire *la Rose Sainte-Croix*, de la » Martinique, par les 48° 8' lat. , et 20° » 58' long. » C'est probablement le même que celui de Joachim Bouve, auprès duquel la sonde donna 80 brasses d'eau. Il parut divisé en deux parties, Nord et Sud, aux observa-

teurs du 24 juin ; la partie Sud était couronnée
par trois pointes de rocher en forme de pain de
sucre. On trouva que la lat. était de 48° 7′ ; la
long. différait de celle ci-dessus indiquée de 43′.
On voit qu'il y a aussi une différence dans la
hauteur. Nous adoptons ce gisement, parce qu'il
est d'accord avec la relation de Charles Negres
et présente un terme moyen entres les autres
déterminations et celle de Bellin ; nous fixons
donc la long. à 21° 0′. Sur l'ancienne carte de
Jefferys, ces écueils sont par lat. 47° 50′, long.
20° 50′. Il n'est pas impossible qu'on les ait
confondus avec Mayda.

Amplimont, ou *rocher d'Edmond Knowles*,
par lat. 42° 30′, long. 25° 45′.

Le Mémoire de Bellin, de 1742 mentionne
un écueil par les 42° 30′ de lat., et 24° 5′ de
long., vu en 1735 par Guichardi, capitaine du
navire *le Dauphin*, de Nantes ; il a deux têtes
séparées qui s'élèvent à 30 pieds au-dessus de la
mer. Guichardi en était à moins d'une lieue
lorsqu'il estima sa hauteur. Selon l'apparence,
cet écueil n'est autre que celui nommé la *Basse
d'Amplimont*, *l'Amplimont Rock*, les gisemens
étant à-peu-près les mêmes. Quelques Anglais
l'appellent rocher d'Edmond Knowles, ce navigateur étant supposé l'avoir reconnu.

Ecueil par lat. 47° 54′, long. 29° 40′, appelé

par Vankeulen *les trois Cheminées* (en anglais *the three Chimnies*).

On dit que cet écueil a été vu le 10 juillet 1720, par le capitaine De Clas Fernel, qui s'en approcha à moins de deux lieues et le garda en vue pendant deux heures. Malgré quelque différence dans la longitude, il paraît le même que celui mentionné par M. de Mery. Les cartes varient à l'égard des gisemens ; mais il ne faut pas trop attacher d'importance à ces différences continuelles, qui ne sont que l'effet de la négligence et de l'inattention. Nous adoptons la position de Bellin, malgré nos doutes sur la réalité d'un danger vu par un seul témoin, qui s'en tint à une grande distance et qui ne donne aucuns détails précis.

Brisans d'Hervagault, lat. 41°5′, long. 48°48′. Sur les nouvelles cartes françaises il y a au S. E. de la partie méridionale du Grand Banc de Terre-Neuve, un écueil découvert le 26 juin 1725, par le capitaine Hervagault, commandant *le Conquérant*, de Nantes. Cet écueil est divisé en deux parties entre lesquelles le capitaine Hergavault, faute d'être averti à temps, fut obligé de passer, à une encablure de l'une, et à un demi quart de l'autre. Très- transparente en cet endroit, la mer se brisait lourdement sur les deux écueils. Un manuscrit du dépôt de la ma-

rine fournit ces particularités nouvelles : « L'é-
» cueil que nous doublâmes à moins d'une en-
» cablure, est un rocher qui se montre dès que
» la mer vient de se briser dessus; quant à l'autre,
» la mer s'y brise aussi à trois places différentes
» entre lesquelles l'eau paraît profonde. » Voilà
qui est précis; mais le gisement demeure incertain : néanmoins nous le plaçons, autant qu'on
peut le faire par estimation, par lat. 41° 5′, et
long. 48° 48′. Le capitaine Lourp, commandant
l'*Alexander Savage*, vit, du haut du mât, le
30 août 1816, un corps de forme ronde, qu'il
prit pour un navire démâté; il se porta dessus
et reconnut que c'était un rocher large et an-
guleux, un peu en pointe vers le sommet, élevé
d'environ 10 pieds au-dessus de l'eau et d'à-peu-
près 200 verges, ou 600 pieds de tour. Le capitaine Lourp estima, outre cela, la position par
lat. 41° 6′ 28″ N., long. 49° 57′ O. de Greenwich.

Rocher de Daraith, par latit. 41° 0′, longitude 54° 53′.

Bellin a reconnu et placé un écueil à l'O. S. O.
du Grand Banc par 41° 0′ lat. Dans son Mémoire de 1742, il dit que le 22 août 1700, le
capitaine Daraith l'aperçut, s'en approcha à
une lieue et demie, en fit le tour pour le bien
observer, et prit la hauteur pendant qu'il le
gardait en vue. On trouve dans une note du

Dépôt de la Marine, que cet écueil a une lieue et demie d'étendue N. et S., et trois quarts de lieue de largeur. Sa lat. est de 41° 00′ d'après Daraith ; la long. est aussi incertaine que celle des Brisans d'Hervagault, et nous la porterons à 54° 53′, d'après MM. Verdun et Borda.

Rochers du Cap Race, ou *les Vierges*. Cette chaîne de rochers gît au S. E. du Cap Race et a une étendue considérable. D'après MM. Chabert, Cook et Fleurieu, elle est dirigée N. et S., par 46° 37′ lat., 51° 30′ long.

———

Nous avons encore à parler de plusieurs dangers réels ou imaginaires dans ces parallèles.

Rocher par lat. 45° 40′, long. 37° 25′. Le Mémoire de Bellin, de 1742, mentionne un écueil par les 45° 50′ de lat., et 36° 25′ de long., découvert en mars 1726 par le capitaine Barenethy, commandant *le Saint-Étienne*, de Saint-Jean de Luz, dans son passage au Cap Breton. Ce capitaine toucha sur un rocher, dont une partie resta enfoncée dans la quille de son navire. L'existence de ce rocher, quoique incertaine, n'est pas plus improbable que celle de beaucoup d'autres que l'on voit sur les cartes ; il n'est cependant pas sur celle de Bellin. Nous lui assignons : lat. 45° 40′, long. 37° 25'. Celui de Barencthy est mentionné par Bellin. La différence d'un degré dans la longitude provient de l'erreur de ce géographe dans sa carte de 1742, où il met le Cap Breton 1° 15' trop à l'E.

Ecueil par les 45° 40' lat., et 37° 30' long. On mentionne aussi, dans le Mémoire que nous venons de citer, un rocher découvert en 1687, par un pilote nommé Albert, lors de son passage à Quebec, par 44° 18' lat., et 32° 15'. Son existence est douteuse, son gisement incertain.

Il y a au Dépôt de la Marine une note relative à un écueil, qui est probablement le même. En voici le contenu : « Jean Surgeac, » commandant *la Marie-Rose*, de Bordeaux, » vit, le 9 avril 1750, à midi, par un très-beau » temps, un banc de sable par 40° 53' lat., et » 35° 45' long. (de Ténériffe.) Ce banc de » sable, près duquel il passa à moins d'un » quart de lieue, avait, quoique couvert » d'eau, l'apparence d'un rocher de couleur » rouge, d'une étendue d'environ 3 lieues » dans la direction du N. N. E. et S. S. O, et » d'un quart de lieue de largeur. Le capitaine » Surgeac fit sa déclaration au Bureau de la » Marine, à Bordeaux. »

La différence en longitude de cet écueil et

du premier n'est que de 28 minutes ; mais celle des longitudes est de 7° 40′, et par conséquent trop considérable pour que ces deux écueils n'en fassent qu'un. Cependant, si nous supposons que le banc de Terre-Neuve soit le point de départ, et si nous admettons 6° 30′ d'erreur dans la carte de Vankeulen, vu qu'il a placé la partie orientale du banc beaucoup trop à l'E., la différence en longitude sera réduite à 1° 10′, différence trop faible, en raison de l'état de la science autrefois, pour détruire l'hypothèse. En conséquence, nous adoptons la lat. de 45° 40′, et la long. de 37° 30′, quoique nous ayons de la peine à croire qu'il puisse y avoir, en cet endroit, un banc de sable de trois lieues de longueur, ou un rocher correspondant à la description précédente, qui n'auraient été vus que du pilote Albert, en 1687, et du capitaine Surgeac, en 1750.

Écueil par les 42° 42′ lat., et 38° 00′ long. Bellin a fait l'observation qu'il y avait un écueil par les 42° lat., et 41° 10′ de long. Le pilote Desmares, qui le vit en 1683, rapporta que son élévation au-dessus de la mer était égale à celle d'un sloop. Quelques géographes le placent 15 à 18 lieues plus à l'E. On se fonde aussi sur ce qu'il aurait été reconnu par un capitaine anglais. Il y au Dépôt de la Marine un Mé-

moire relatif à la découverte d'un écueil, qui est le même selon l'apparence ; ce qui suit est extrait de ce mémoire : « Pierre Ramigeau,
» commandant *le Lézard*, de La Rochelle, re-
» venant de Cayenne, vit, le 1er octobre 1750,
» à onze heures du matin, par un temps clair et
» serein, un écueil par 42° 42′ lat., et 37° 30′
» long. ; il l'observa pendant 30 minutes, tant
» sur le pont du navire qu'au haut des mâts,
» et estima qu'il avait environ un quart de
» lieue de tour, et était couvert par deux ou
» trois brasses d'eau ; il en passa à quatre enca-
» blures et prit la latitude vers la partie S. » Cet écrit fut signé par les principaux officiers *du Lézard.*

Nous présumons que cet écueil est le même que celui de Desmares, par la raison que ce dernier plaçant le sien, peut-être d'une manière conjecturale, 42 minutes plus loin au S., une telle différence n'est pas excessive, à cause de l'imperfection des cartes de son temps. Il y a de l'incertitude à l'égard de la longitude rigoureuse de l'un et de l'autre de ces écueils ; nous avons adopté 38° 00′ O. de Greenwich.

Ecueils au Nord du 50° Parallèle.

Ile de Brazil, par lat. 51° 00′, long. 16° 00′. Le rocher de Brazil, dit Bellin, dans son

Mémoire de 1742, est marqué par 51° lat.,
et long. 19° 36' (du méridien de Paris), d'a-
près Bouage, hydrographe, et Laisné, pilote.
Cet écueil, que l'on considère généralement
comme imaginaire, est représenté, sur la carte
de 1742, comme étant très-vaste. Dans les dernières cartes on le trouve plus vers le N. et
l'E. Vankeulen lui donne le gisement suivant :
lat. 51° 56', et long. 9° 35' (de Ténériffe).
La carte de l'Océan occidental de Jefferys, qui
ne diffère pas en ce point de celle de Bellin, le
représente comme une île entourée de bancs
de sable, avec cette inscription : *Ile imaginaire de Brazil.* L'ancien *Arcano del Mare*, de
Robert Dudley, l'indique aussi, avec cette
observation : *On ne sait si cette île existe ou
non.*

MM. Verdun et Borda terminent leurs remarques en disant qu'ils ne croient pas à son
existence ; cependant il convient d'observer
que le maître et l'équipage d'un navire marchand
anglais affirment l'avoir vu vers 1796, et s'en
être approchés assez, disent-ils (dans un mémoire communiqué à l'éditeur du présent ouvrage), pour l'atteindre en jetant un biscuit.
D'après leur description, c'est un rocher élevé
ou une petite île, par 15 ou 16 degrés de long.
(de Londres)

Il est à regretter que le mémoire que nous venons de citer se soit égaré ou perdu. Nous assignons à l'île de Brazil le gîsement indiqué au commencement de cet article.

Rocher d'Atkin, à l'Ouest de la partie N. O. de l'Irlande. Nous croyons que ce rocher fut pour la première fois indiqué sur la carte du nord de l'Irlande, publiée par Mackenzie en 1775, avec cette note :

» John Atkin, maître du navire *The Friend-*
» *schip*, d'Ayr, venant de la Virginie, étant par
» estimation à environ 3o lieues O. de l'île
» de Tory, aperçut distinctement un rocher.
» Par l'herbe qui paraissait presque à la surface
» de la mer, il jugea que ce rocher n'était pas
» couvert de plus de 4 pieds d'eau. »

Cette description manque de précision par rapport à la position de l'écueil d'Atkin ; mais nous allons en donner une, qui pourra être beaucoup plus utile. On en est redevable à M. F. Cumming, de New-Yorck, qui, par l'intérêt actif qu'il prend à la science de la navigation, mérite la reconnaissance des marins et est digne d'avoir des imitateurs.

« Comme il y a des navigateurs qui entre-
» tiennent encore des doutes au sujet de l'exis-
» tence du rocher d'Atkin, je crois de mon devoir

» de publier l'observation qui m'a été commu-
» niquée par le rev. John Stewart, passager à
» bord de l'*Entreprise*, dans la traversée. de
» New-Yorck à Greenock, le jeudi 9 août 1792.

» A bord du *Nestor*, de Greenock, dans
» le passage de New-Yorck à Greenock, la lati-
» tude observée étant 55° 19′ N., et la longi-
» tude par estimation 9° 53′ O de Londres, les
» officiers, les passagers et l'équipage qui étaient
» sur le pont, virent, à 4 pieds environ de pro-
» fondeur, et à 5 brasses au plus au vent du
» navire, un rocher en forme de fer à cheval,
» avec un côté plus long que l'autre. A l'instant
» même, le contre-maître jeta un baril vide à
» la mer, et la chaloupe fut dépêchée aussi vîte
» que possible, avec le contre-maître, quatre
» matelots et deux passagers. Ils employèrent
» deux heures en recherches, et furent obligés
» de rejoindre le navire, dans un moment où
» un nuage épais obscurcissait l'atmosphère,
» sans avoir pu trouver ni le rocher, ni le
» baril. M. Stewart, alors passager sur le *Nestor*,
» distingua parfaitement le rocher ainsi que
» l'herbe qui croissait dessus. »

» FORTESQUE CUMMING,

» Maître du navire *l'Entreprise*, de New-Yorck. »

Il n'est plus permis maintenant de douter de l'existence du rocher d'Atkin. Sa latitude observée est 55° 19′, la long. (par une estimation très-probable) 10° 10° O. de Greenwick.

Rocher par 55° 24′ lat., et 24° 40′ long. Dans la carte française de l'océan septentrional, publiée en 1751, on a indiqué par lat. 55° 24′, et long. 24° 40′, un rocher élevé au-dessus de la surface de la mer, avec ces mots : « Rocher de 1745. » Les cartes hollandaises et françaises n'en font aucune mention. On peut douter de son existence.

Rocher de Rokol, par lat. 57° 37′, long. 14° 5′. Le rocher ou île de Rokol existe certainement. Plusieurs marins de Dunkerque et un pilote de l'Islande ont attesté à MM. Verdun et Borda qu'ils l'avaient vu plusieurs fois ; des officiers danois ont avancé la même chose. Selon M. Vleugel, qui commandait un vaisseau en 1772, la partie ouest de ce rocher doit être à 1° 35′ E. du méridien du Pic de Ténériffe ; et si nous admettons ce méridien à 19° O. de celui de Paris, Rokol devra être à 15° 5′ O. de Greenwick. Cependant cette longitude serait réduite à 14° 5′, si le méridien de Ténériffe était le même qu'autrefois. Dans la carte de 1751, elle est seulement de 13° 20′ ; et sur une autre de 1768, de 13° 35′. Nous adoptons la longitude de 14° 5′, parce qu'elle est un terme moyen entre toutes ces estimations diverses. La latitude, d'après la carte de 1751, est 57° 45′, et d'après celle de 1768, 57° 12′. Nous la portons à 57° 37′, ce qui est précisément celle que Vankeulen a assignée.

Remarques communiquées à l'Editeur par le capitaine Sawyer, commandant le navire *le Général Jackson*.

« Pendant mon passage de Saint-Pétersbourg
» à Bristol (Rhode Island) le 11 septembre 1816,
» à 10 heures et demie du matin, les vents étant
» N. N. E., et notre route dirigée vers l'O. S. O.,
» on découvrit dans le S. S. O., à l'horizon,
» un objet qui paraissait comme un vaisseau
» sous voiles. Nous en étant approchés, en
» l'évitant, nous reconnûmes que c'était un ro-
» cher presque perpendiculaire à l'E., et s'in-
» clinant dans la partie occidentale. Le sommet
» s'élevait à 50 pieds au-dessus de la mer ;
» sa blancheur apparente était occasionnée
» par une multitude d'oiseaux que l'on vit très-
» distinctement. A 11 heures et demie la prin-
» cipale partie du rocher se trouvait à deux milles
» au S. La mer se brisait avec violence jusqu'à
» la distance de trois encablures vers le N. O,
» sur un fond rocailleux et recouvert. Enfin, à

» midi, ce même rocher étant au S. E., et
» distant d'un quart de mille, la mer nous
» parut parfaitement sûre au N. O.; mais la
» couleur du fond et la manière dont se bri-
» saient les vagues dans le S. E., à plus de deux
» milles, annonçaient que ce côté devait être
» très-dangereux.

» Le 12 septembre, à une heure après-midi,
» le rocher était encore à 7 milles de nous à
» l'E. N. E.; le temps devint mauvais et je le
» perdis de vue. J'estimai que notre latitude
» était de 57° 40′ N., et la long. 14° 52′ O. de
» Londres. »

Cette observation place le rocher de Rokol
3 degrés plus au N. qu'on ne l'avait fait : la
différence des longitudes n'est pas considérable ; cependant nous restons incertains sur
sa véritable position.

Banc de Kramer. Bellin a marqué sur la
carte de 1751 un banc d'une étendue considérable au N. O. du rocher de Rokol. On le
trouve aussi sur une carte hollandaise dont
on ne connaît ni la date ni l'auteur, laquelle
comprend l'Islande, Ferro et les îles Shetland.
Son gisement, dans, la carte de 1768, est par
lat. 60° 0′, long. 16° 0′. La carte hollandaise
attribue la découverte de ce banc au capitaine
Alof Kramer. Sa position est très-incertaine,

et nous ne savons comment le capitaine Kramer la supputa. Nous la marquerons, si toutefois le banc existe, pour la partie centrale, par
lat. 59° 40′, long. 17° 40′.

Ecueil au S. O. de Rokol. Il y a encore plus
d'incertitude à l'égard de l'existence de l'écueil
placé au S. O. de Rokol, dans la carte de 1751.
La carte de Vankeulen n'en fait même pas mention. C'est sans autorités que nous indiquons,
lat. 56° 35′, long. 17° 45′ pour ce point, que
nous rangeons parmi les plus douteux.

CHAPITRE II.

Ecueils imaginaires.

Ecueils supposés au Sud du 20° Parallèle Nord.

Ecueil supposé par 14° 55′ lat., *à* 60 *lieues
E. de la Martinique.* On a rejeté cet écueil
comme imaginaire. Son existence ne repose
que sur une déclaration qui est au Dépôt de la
Marine, à Paris, dans laquelle le capitaine
Pierre Renaud, commandant le navire *l'Au-*

tomne, de Bordeaux, dit *qu'il croit l'avoir vu* le 17 mai 1723. Le capitaine Renaut prétend s'en être approché à une portée de mousquet. Il le place par 14° 55ʹ lat. N. , quoique la hauteur n'ait pu être prise, le soleil étant presque au zénith.

Autre danger supposé dans le parallèle de la Martinique, à 60 ou 80 lieues de cette île. On doit également le considérer comme imaginaire. Dans une espèce de déclaration qui est au Dépôt de la Marine, le capitaine Laborde, commandant *les Deux Sœurs de Valence*, de Bordeaux, dit avoir vu un danger à 60 ou 80 lieues de la Martinique. La couleur de la mer en cet endroit lui parut annoncer évidemment un banc de sable, sur lequel toutefois il y avait assez d'eau pour qu'on pût y passer en sûreté. Vankeulen l'a inséré dans sa carte ; il est omis sur celles de Jefferys et sur les cartes françaises.

Banc de rochers à 6 lieues S. de la pointe E. de l'île aux Vaches. Cet écueil fut marqué sur la carte publiée en 1778 par le Dépôt de la Marine, d'après l'autorité (considérée alors comme peu digne de foi) d'un extrait du *Journal du Dromadaire*, en 1733. Cet extrait porte que le banc de rochers en question est dans la direction de l'E. N. E. et du

S. S. O. ; que sa longueur est d'environ une demi-lieue ; qu'en deux endroits il est à sec, tandis que ses autres parties sont recouvertes de deux ou trois pieds d'eau ; et enfin que M. Saint-Lo (capitaine de la marine royale anglaise) informa M. de la Galissonière qu'il l'avait sondé. Le temps écoulé depuis cette prétendue découverte, le voisinage d'une côte fréquentée , ce qui aurait dû la faire reconnaître souvent dans la suite, le silence des cartes espagnoles et françaises , tout enfin nous porte à ranger cet écueil parmi les imaginaires.

Dangers supposés entre les 20° et 30° Parallèles Nord.

Écueil au Sud des îles Canaries, par 26° de lat. et 16° 40ʹ long. O. Dans la carte de 1742, Bellin marqua cet écueil, et y joignit cette observation : « Plusieurs mémoires mention- » nent cet écueil ; mais on ne le trouve sur » aucune carte. Son gîsement est entièrement » incertain. » Il fut supprimé sur la carte de 1766. MM. Verdun, Borda et Pingre (à bord de *la Flore*, en 1771 et 1772), reconnurent au Sud du cap Bojador, un banc voisin de la place assignée à l'écueil en question. L'un aura probablement été pris pour l'autre.

Banc nommé Béla, par 24° 5ʹ, lat. au N. E.

de Porto - Rico. — Banc nommé Staminco, *à 30 lieues E. de Bela*, par 23° 50′ lat. N. Ces deux écueils parurent pour la première fois sur la carte de Vankeulen, sans être accompagnés d'aucuns détails relatifs aux autorités d'après lesquelles ce géographe aurait été fondé à les y inscrire. On ne trouve que Staminco sur la carte de Bellin, de 1742; sur celle de 1751 il le conserva, mais avec cette note : « Très-douteux. » En 1766 il n'en fit plus mention. Mourand découvrit, en 1773, par 24° 34′ lat. N., et par 65° 10′ long. O., un banc dont l'existence ne peut être mise en doute. Bela et Staminco ne sont vraisemblablement autres que le banc reconnu avec plus de précision par Mourand.

Ecueils supposés entre les 30° et 40° Parallèles Nord

Ecueil à 12 ou 15 lieues O. du cap Saint-Vincent. Cet écueil ne se trouve que sur d'anciennes cartes. On doit douter de sa réalité, puisqu'elle n'a été confirmée par aucun des nombreux vaisseaux qui croisent journellement dans ces parages.

Rocher à 5 lieues N. O. du cap St.-Vincent. Cet écueil est marqué sur une carte manuscrite des côtes de Barbarie, faite en 1737, à bord du *Diamant*. Bellin fit usage de cette carte, lorsqu'il dressa celle des côtes du Portugal et de l'Espagne, en 1751, où l'on trouve cette observation : « Rocher découvert par la frégate *le Comte du Tesse*, en 1699. » Malgré cette autorité, Bellin négligea l'écueil ci-dessus indiqué, dans la carte de 1751. Les raisons qui ont fait rejeter celui de l'article précédent, s'appliquent également à celui-ci.

Ecueils supposés entre les 40° et 50° Parallèles Nord.

Roche la Chapelle, par 47° 24' lat. et 7° 12' long. Un rocher nommé la Chapelle, qui aurait été vu en 1764, est indiqué, sur la carte de 1766, par 47° 24' de lat., et 7° 12' de long. Il fut mis dans l'ancienne carte de Vankeulen, par 48° 15' de lat., à 38 lieues d'Ushant. On n'a d'autres autorités à ce sujet, qu'un mémoire trouvé au Dépôt de la Marine, où il est dit que : « le
» mardi-gras 1695, à 8 heures du soir, le sieur
» Chapelle Richard, étant à 36 lieues d'Ushant
» et à la hauteur de Penmarks, vit, à une portée
» de pistolet, un rocher élevé de 50 pieds au-
» dessus de la mer. L'on sonda, sans trouver le
» fond à 130 brasses. » On n'a pas appris que
cet écueil ait été retrouvé depuis, quoique des

recherches aient été dirigées à cet effet. On aurait dû le voir de nouveau, s'il existe réellement,
et il est étonnant que les cartes modernes ne
cessent d'en faire mention, sans être accompagnées de rien qui exprime le doute.

Banc à 41 lieues du cap Finistère, par 45°
5′. L'ancienne carte de Vankeulen indique un
écueil à cette place. On manque encore à ce
sujet d'autorités convenables : il est connu
d'ailleurs que Vankeulen semait les écueils avec
une extrême facilité.

Ile Verte ou *Green Island*, par 44° 52′ lat.,
et 26° 25′ long. Il y a sur la carte de Bellin,
de 1766, par 44° 52′ de lat., et 26° 25′ de
long., une île imaginaire, nommée *Ile Verte*
ou *Green Island*. Le Mémoire de 1742 ne renferme, relativement à ce point, que cette note :
« Ile Verte, conformément à Le Boccage. »
Jefferys n'a pas eu des raisons plus compétentes pour la placer sur sa carte par 44° 45′ lat.,
et 26° 10′ long. Nous ne croyons pas à l'Ile
Verte, et c'est ce que font aussi MM. Verdun
et Borda. Si elle existait, mille témoins l'eussent attesté déjà.

Ile Jacquet, par 46° 45′ lat., et 37° 55′ long.
Nous avons été sur le point de négliger cette
île, quoiqu'elle soit indiquée sur plusieurs
cartes modernes, probablement copiées de

Bellin et de Vankeulen. Nous avons déjà parlé du peu de critique de ce dernier géographe : son autorité ne mérite aucune confiance dans des cas tels que ceux que nous discutons. Une masse de glace, comme il arrive d'en rencontrer dans ces latitudes, aura été prise pour une île par quelque navigateur inattentif. Bellin a placé l'île Jacquet sur sa carte, avec cette seule observation, qu'*il s'était conformé à la carte manuscrite de Radoway, communiquée au Dépôt de la Marine en 1737.*

Écueil au S. O. du Banc de Terre-Neuve. La carte de Vankeulen renferme, un degré au Sud du rocher de Daraith et de la pointe méridionale du grand Banc de Terre-Neuve, une petite ile avec deux indications de 20 brasses de fond, l'une est à l'E., l'autre à l'O. Il est tout-à-fait probable que cet écueil ne diffère pas du rocher de Daraith.

Rochers par 58° 2′ lat., et 29° 25′ long. Aucune carte, si ce n'est le manuscrit présenté au Dépôt de la Marine, en 1737, par Radoway, ne mentionne une chaîne de rochers en cette place ; on peut en conséquence ne pas croire à sa réalité.

Ecueils supposés au Nord du 5o° Parallèle.

Terre de Bus, par 58° 2' lat. , et 29° 55' long. La carte de Bellin , de 1751 , signale une terre imaginaire appelée *île de Bus*, située au Sud de l'Islande, par 58° 2' lat. , et 29° 55' long. On la retrouve dans la carte de 1768 avec une diminution de 10' sur la longitude. Cette position est la même que celle de la partie occidentale d'une côte de plusieurs lieues d'étendue , figurée sur une ancienne carte de Vankeulen , et accompagnée d'une note dont voici la traduction : « La terre de Bus a été inondée » et n'a plus maintenant qu'une lieue de tour » lorsque la mer est haute. C'était autrefois » une île considérable, de plus de 100 lieues » de circonférence, couverte de villages, qu'on » appelait *Friseland*. » Cette terre est aussi sur les cartes de Mercator , Dudley , Bleau et autres , lesquels en font une grande île avec des villes , des villages, tout enfin ce qui pourrait faire croire qu'elle eût existé réellement. Ce n'est pas ce que nous admettons, et de plus nous croyons que maintenant elle n'existe pas du tout. MM. Verdun , Borda et Pingre passèrent avec *la Flore* à la place qui lui est assignée , sans en découvrir les plus petites traces.

Anderson, dans son *Histoire de l'Islande et du Groënland*, dit qu'un capitaine très-expert, chargé de chercher les restes de cette île, croisa deux mois de suite sur un espace de 5o. lieues de tour dans les parages indiqués, avec 15o brasses d'eau partout, et ne découvrit pas de terre. La mer lui parut plus agitée qu'ailleurs, les vagues plus hautes, d'une couleur verte plus prononcée, et remplies de substances marines. M. Anderson pense qu'il y a des sources d'eau chaude en cet endroit. — Ces observations nous paraissent décisives.

TABLEAU

DES DÉCLINAISONS DE LA BOUSSOLE,

Observées dans l'Océan Atlantique et les Mers adjacentes, avec les Dates des Observations.

Mer du Nord, d'Angleterre, etc. et jusqu'au 10e degré de longitude Ouest.

	Var. O.		années.
	°	'	
Londres..........	24	15	1799
Embouchure de la Tamise.........	23	40	1792
Canal de Nob.....	23	5	1796
....	24	30	1803
Canal du Roi.....	23	0	1794
Hasborough Gat..	25	0	1790
Withby.........	23	0	1791
Sur le Hondt ou Scheld, O.....	21	30	1799
Baie d'Edimbourg.	25	0	1792
Ile Orkney (au N. E.)........	28	47	1795
Côte N. d'Islande.	28	20	1790
Par 51° 0' latitude, 9° 40' long. O..	26	0	1794
Sur le Bear Haven, ou baie de Bentry.	27	50	1798
Havre de Cork...	28	10	1799
Partie S. du canal Saint-Georges..	24	53	1798
Lands'Ens, pointe du S. de l'Angle-terre..........	25	30	1795
A 4 lieues S. de Scilly.........	24	40	1794
Spithead........	23	43	1795
Dunes..........	21	0	1794
Environs de Brest.	24	30	1700
Lat. 43° 56', long. 9° 45'.........	21	45	1780
Cap St.-Vincent, latitude 36° 17', long. 9° 30'....	22	50	1801
Gibraltar et Ceuta.	22	30	1799
Livourne.........	19	22	1793

Entre oo et 20 de long. O.

	Lat. °	'	long. °	'	Var. O. °	'	années.
	36	10	00	00	17	46	1809
	36	13	0	40	16	9	1809
	56	0	13	0	24	45	1780
	55	3	14	40	24	30	1780
	52	51	15	14	26	26	1780
	00	00	16	00	14	00	1800
	13	00	22	00	14	00	1800
	32	37	17	5	18	35	1788
	28	28	16	26	17	35	1792
	52	48	16	9	25	50	1780
	52	41	15	40	25	14	1780
	51	0	14	5	26	30	1791
	50	15	12	10	25	30	1802
	49	58	12	12	26	0	1793
	49	46	16	14	27	39	1793
	49	29	11	13	25	30	1793
	49	21	13	26	25	0	1802
	48	49	14	46	23	0	1793
	48	34	14	10	24	30	1802
	48	18	18	5	22	9	1780
	47	27	17	30	26	1	1800
	55	47	19	16	32	30	1816
	47	5	19	35	29	30	1793
	47	2	19	51	28	50	1793
	46	34	16	5	21	30	1793
	45	59	18	55	21	17	1780
	45	45	11	25	24	0	1801
	44	45	12	45	20	23	1800
	43	44	12	45	19	25	1799
	35	20	11	50	10	25	1809
	36	0	18	44	23	14	1793
	35	16	16	0	7	40	1809
	35	25	11	27	20	38	1799
	4	32	19	30	10	33	1813
	35	20	9	48	11	48	1809
	34	30	19	14	23	0	1793
Route de l'Island, à Porto Santo...					20	0	1802

Table de la Variation Magnétique.

				Var. O.		années.
°	'	°	'	°	'	
Route de Funchal (Madère)				15	0	1769
....				18	30	1788
Lat. 31	19	long. 19	24	20	55	1793
31	12	17	25	18	0	1802
30	30	11	50	19	29	1799
30	30	11	50	19	29	1799
29	58	19	30	18	18	1799
29	38	16	26	21	8	1801
Route de Sainte-Croix (Ténériffe)				16	38	1791
27	4	16	46	20	51	1801
26	14	16	40	19	0	1791
25	29	18	43	19	39	1801
3	36	17	42	19	30	1791

Entre 20° et 30° O. Longitude.

				Var. O.		années.
°	'	°	'	°	'	
Lat. 47	33	long. 20	40	22	0	1802
5	0	21	15	12	44	1813
1	32	21	24	12	30	1813
4	17	21	5	22	8	1813
3	44	22	15	12	0	1813
46	31	21	35	28	3	1793
16	6	22	47	12	36	1792
15	10	23	5	12	0	1792
14	56	23	29	12	48	1792
1	10	24	20	11	45	1804
30	19	29	30	16	44	1804
14	47	27	33	14	0	1805
44	50	23	5	21	43	1780
44	36	28	53	21	15	1793
43	33	28	35	17	55	1780
43	20	26	55	18	28	1780
41	10	24	0	23	0	1801
30	20	20	44	18	39	1793
29	40	28	58	13	20	1793
28	0	22	45	20	0	1793
26	45	23	10	20	5	1793
26	30	23	45	19	50	1793
25	22	29	48	15	0	1802
24	34	24	15	18	36	1793
24	21	20	5	18	0	1801
24	15	24	55	17	54	1793
23	45	25	27	14	42	1799
23	19	24	54	16	39	1801

				Var. O.		années.
°	'	°	'	°	'	
22	35	27	30	16	0	1801
22	24	25	30	16	19	1793
22	27	26	15	15	52	1793
22	4	26	5	14	0	1793
21	12	27	10	12	42	1799
19	44	27	15	6	8	1780
Saint-Antoine plus au N. des îles du cap Vert........				12	32	1791
17	41	21	6	7	9	1780
9	37	28	16	8	5	1780
0	54	28	46	6	30	1813
9	20	23	25	11	59	1799
9	11	27	5	7	10	1780
7	19	27	20	8	51	1780
6	40	23	0	11	8	1799
6	0	29	10	7	17	1799
5	11	26	1	8	15	1780
5	2	26	15	9	0	1709
5	10	25	15	7	58	1780
4	45	23	20	11	25	1799
4	23	20	32	7	38	1780
4	12	25	35	7	18	1780
3	51	25	45	6	21	1780
3	30	22	55	7	58	1780
1	43	20	18	13	30	1791
1	30	24	50	9	47	1799
0	0	27	10	7	19	1799
0	58	30	1	7	12	1810
1	0	30	7	7	0	1813
1	22	29	43	10	0	1813

Entre 30° et 40° O. Longitude.

				Var. O.		années.
°	'	°	'	°	'	
Lat. 44	30	long. 33	56	19	45	1793
33	53	31	15	19	25	1805
1	45	31	14	6	49	1810
44	13	35	48	25	10	1816
14	17	37	52	4	30	1813
2	58	37	0	1	30	1813
2	23	36	16	2	38	1813
3	4	35	55	3	33	1813
3	58	35	53	4	48	1813
4	34	36	8	4	15	1813
6	32	36	11	4	41	1813
10	54	36	10	2	18	1813

Table de la Variation Magnétique.

Lat. ° '	long. ° '	Var. O. ° '	années.
11 10	35 52	2 16	1813
12 21	36 23	2 26	1813
13 20	36 44	2 6	1813
14 8	37 0	3 22	1813
14 43	37 15	3 13	1813
16 19	38 2	3 5	1813
17 9	38 9	5 24	1813
17 57	38 20	7 32	1813
18 32	38 30	6 59	1813
19 17	39 28	6 40	1813
19 9	40 0	6 24	1813
19 34	39 16	6 49	1813
20 44	40 18	6 32	1813
21 9	40 0	8 24	1813
2 7	31 46	6 35	1810
4 40	35 0	5 51	1810
5 24	36 9	4 50	1810
30 31	34 26	13 41	1812
14 50	39 30	6 44	1809
10 50	37 30	6 26	1809
8 34	36 0	5 8	1809
7 30	33 36	6 30	1809
21 0	40 0	11 0	1805
44 26	34 0	20 0	1805
44 24	33 20	16 43	1780
44 19	31 0	25 30	1793
44 0	36 30	18 0	1793
42 45	39 50	18 0	1802
39 41	37 46	21 12	1801
Floro et Corvo....		20 0	1805
Cap Sainte-Marie.		21 0	1805
Entre Corvo et Floro		20 0	1801
39 15	37 15	20 0	1801
38 41	32 46	15 7	1780
38 33	39 9	17 56	1801
38 25	36 56	15 11	1780
38 10	36 56	15 9	1780
31 25	35 52	14 17	1800
30 20	37 20	12 27	1800
26 28	36 50	10 21	1800
25 25	37 30	9 11	1800
28 18	39 49	7 55	1780
24 5	34 15	13 0	1802
23 6	39 20	11 0	1802
21 16	36 0	11 30	1801
21 4	34 55	6 19	1780
20 16	37 14	9 29	1801

Lat. ° '	long. ° '	Var. O. ° '	années.
19 50	38 22	10 40	1801
18 40	30 15	12 56	1793
18 29	32 0	10 0	1793
18 10	31 35	12 30	1793
16 25	35 0	7 55	1800
15 45	39 50	6 4	1793
15 11	33 30	7 8	1780
13 55	34 10	7 40	1799
12 30	33 0	7 30	1799

Entre 40° et 50° O. Longitude. Côte de l'O. du Groënland.

Lat. ° '	long. ° '	Var. O. ° '	années.
73 0	48 0	79 42	1790
72 10	48 30	79 0	1790
71 30	48 50	78 0	1790
71 0	52 0	74 0	1790
70 20	50 30	72 0	1790
Ouest de Disco, lat. 69°........		70 0	1790
60° 5'	51° 15'	50 20	1790
Cap Farewell, lat. 59° 0'	44° 30'	35 0	1790
Grand banc. 43 54		20 40	1805
Banc Brun. 52 50		12 47	1805
O. du banc. 43 16		11 0	1805
33 31	46 36	13 24	1809
27 14	46 32	10 0	1809
29 13	46 17	9 50	1809
27 36	45 28	8 0	1809
23 35	43 30	7 10	1809
21 24	41 43	8 12	1809
8 31	40 19	3 46	1810
9 37	41 25	3 12	1810
43 45	42 15	22 13	1793
43 56	44 5	20 4	1793
42 49	40 42	16 30	1793
42 48	44 20	18 20	1793
41 30	44 58	16 0	1802
40 56	44 59	15 0	1793
40 35	48 4	15 30	1802
40 26	45 41	13 0	1793
39 9	47 10	9 45	1793
39 3	48 34	13 20	1793
38 14	41 50	18 0	1801

Table de la Variation Magnétique.

Lat. °	'	long. °	'	Var. O. °	'	années
Lat. 37	3	43	17	13	4	1801
36	33	44	45	12	44	1801
36	15	41	27	10	16	1780
36	5	40	30	11	10	1780
35	45	47	40	10	0	1801
35	25	41	11	10	1	1780
30	28	41	26	9	11	1780
29	24	41	15	7	18	1780
27	48	40	32	8	5	1780
21	24	45	12	6	0	1802
18	48	41	10	6	40	1801
17	31	44	0	4	40	1801
16	15	46	45	1	40	1801
15	24	41	7	5	51	1793
14	10	47	0	2	58	1793
14	2	48	58	2	30	1793
14	0	48	20	1	40	1793
13	24	49	29	1	0	1793
22	26	41	27	8	50	1813
23	8	42	1	10	36	1813
27	25	43	50	12	6	1813
28	39	44	59	12	22	1813
29	38	46	38	12	8	1813
30	32	46	31	12	6	1813
32	4	46	30	13	32	1813
34	17	47	2	14	22	1813
41	52	49	56	22	56	1813

Entre 50° et 60° O. Longitude.

				Var. O. °	'	années
Lat. 59	42	long. 59	54	12	45	1782
58	0	53	0	33	0	1782
Côtes du Labrador, lat. 53°				27	0	1771
Entrée du Détroit de Belle-Ile, lat. 51° 45'				23	0	1766
Ile Fogo, lat. 49° 44'				24	30	1785
Nouv. St.-Jean....				23	24	1798
Au Sud du cap Race, lat. 46° 35'.				22	30	1773
Nouvelle baie Ste-Marie.........				21	0	1773
Ile St.-Pierre.....				20	0	1763
Lat. 38 55 long. 56 35				13	0	1802
39 40 56 57				14	16	1809

°	'	°	'	Var. O. °	'	années
39	0	54	33	12	14	1809
16	23	50	25	0	56	1810
18	44	53	42	0	37	1810
19	19	54	17	0	30	1810
22	18	58	26	1	0	1810
37	23	51	25	12	10	1793
36	23	51	20	11	15	1793
35	45	54	14	10	0	1793
34	16	51	30	9	0	1801
34	10	55	20	9	0	1793
33	58	57	0	6	30	1793
33	25	53	19	9	0	1801
32	47	56	25	3	25	1801
32	45	56	8	5	0	1801
31	32	58	40	3	0	1801
29	9	59	46	0	30	1774
17	56	54	32	1	45	1802
17	2	57	4	0	30	1802
16	30	59	35	2	0	1802
15	57	50	12	2	30	1801
13	51	52	35	0	0	1801
13	32	54	45	1	0	1801
13	29	50	40	0	45	1793
13	26	53	54	0	0	1801
13	25	57	0	2	0	1801
13	18	51	50	0	20	1793
13	12	53	3	0	30	1793
13	8	54	19	1	0	1793
43	3	53	36	23	14	1813
42	41	57	53	20	5	1813
43	21	58	5	15	12	1813
A la Barbade....				2	20	1801
Côte de la Guyanne, lat. 9° 0' long. 55°				4	30	1781

Entre 60° et 70° O. Longitude.

	Var. O. °	'	années
Embouchure du F. St.-Laurent, lat. 50° 6' long. 64° 40'	20	00	1790
Partie Sud d'Anticasti, ou île de l'Assomption, lat. 49° 6', long. 63° 24'	19	30	1790
Partie Ouest de l'île du cap Breton, lat. 46° 5', long. 61° 40'	16	0	1790

Table de la Variation Magnétique.

	Var. (° ')	années.
Nouvelle Ecosse, lat. 44° 50'....	19 0	1796
Havre d'Halifax...	16 30	1797
Cap Sambro, lat. 44° 25', long. 63° 18'....	16 13	1796
Entrée du port de Rose-Way....	14 15	1784
Lat. 40 40 long. 66 25	5 52	1795
27 11 ... 62 41	20 40	1810
23 40 ... 60 55	0 2 E	1813
38 14 ... 61 45	7 30 O	1802
37 26 ... 64 18	7 15	1795
37 20 ... 66 25	3 40	1795
35 7 ... 69 50	6 0	1795
34 55 ... 65 45	5 50	1795
34 10 ... 69 30	1 0	1795
34 3 ... 65 55	3 15	1802
33 11 ... 65 15	3 30	1795
33 10 ... 69 0	0 30 E	1795
33 5 ... 67 57	0 30	1794
32 36 ... 69 50	1 36 O	1795
32 33 ... 66 25	0 45	1802
Extrémité Est des Bermudes....	2 30	1798
Lat. 32 22 long. 65 10	1 59	1795
32 20 ... 68 0	1 19	1795
32 13 ... 66 10	2 51 E	1794
32 8 ... 65 35	1 0 O	1796
32 5 ... 69 5	0 36	1795
31 50 ... 66 15	1 45	1795
31 40 ... 69 5	8 50 E	1795
31 18 ... 61 30	2 40 O	1793
31 10 ... 68 5	2 15	1795
31 6 ... 68 50	9 4 E	1795
30 53 ... 61 29	2 50 O	1795
30 50 ... 68 48	1 30 E	1795
30 29 ... 65 20	2 33 O	1795
30 10 ... 62 25	1 30	1793
30 7 ... 61 27	2 30	1801
29 50 ... 62 41	0 0	1793
29 0 ... 63 23	0 0	1793
28 55 ... 63 43	0 0	1801
28 49 ... 63 30	1 20 O	1793
27 41 ... 63 30	0 50	1793
27 20 ... 63 25	0 20	1793
26 41 ... 63 30	1 13 E	1793
25 58 ... 64 40	0 0	1801

	Var. O. (° ')	années.
Lat. 25 36 long. 63 39	2 0	1793
24 36 ... 64 0	0 30	1793
24 34 ... 63 51	0 50	1793
24 20 ... 67 10	2 0	1801
23 30 ... 64 0	1 20	1793
22 40 ... 69 0	2 0	1793
21 40 ... 64 28	0 43	1793
18 50 ... 63 45	0 50	1793
18 20 ... 63 17	2 30	1793
18 15 ... 65 5	4 45	1788
19 40 ... 69 0	2 2	1817
18 55 ... 64 0	0 50	1817
16 0 ... 60 0	3 50	1817
16 0 ... 60 26	2 50	1817
14 40 ... 65 45	3 50	1817
21 43 ... 69 44	1 50	1817
21 17 ... 68 0	3 30	1817
16 15 ... 67 34	4 13	1817
Près Saba, lat. 17° 35'........	4 0	1789
Rade Saint-Jean, à Antigua......	3 15	1790
Sud Ouest de Mont-serrat, lat. 16° 40'	3 30	1789
Lat. 15 16 long. 61 48	2 50	1801
Port Royal Martinique........	3 30	1793
Partie S. O. de St.-Vincent, lat. 13° 10'........	2 30	1789
Lat. 12 0 long. 65 30	5 0	1789
11 10 ... 63 40	2 50	1789

Entre 70° et 80° O. Longitude.

	Var. (° ')	années.
Québec..........	12 50	1793
Lat. 39 30 long. 70 15	5 20	1796
35 36 ... 70 37	4 40	1811
Havre du cap Cod.	9 55	1811
39 30 ... 74 10	1 30	1778
39 13 ... 72 50	3 30	1795
38 55 ... 73 30	3 30	1796
38 47 ... 74 50	2 30	1778
38 42 ... 72 30	4 12	1776
38 40 ... 73 50	6 30	1780

Table de la Variation Magnétique.

Lat. ° ′	long. ° ′	Var. ° ′	années.		Var. ° ′	années.
Lat. 38 10	long. 71 5	2 45	1796	Pointe S. d'Abaco,		
38 0	75 0	1 0	1788	lat. 25° 50′.....	6 30	1786
37 50	73 56	2 54	1795	20 20 72 52	5 10E	1801
37 40	73 15	2 3	1795	20 5 70 55	4 10	1801
37 39	71 5	2 15	1796	Port Royal , Ja-		
37 36	75 13	1 30	1795	maïque..........	6 30	1772
37 15	72 44	4 34O	1795	....	6 50	1791
57 10	74 15	4 39	1795	Lat. 17 41 long. 74 3	5 0	1801
37 6	73 35	2 6	1795	17 15 72 5	4 0	1801
36 58	75 50	0 50	1795	27 17 79 30	5 26	1817
28 50	78 0	0 34E	1817			
28 40	76 10	2 30	1817	**Entre 80° et 90°. Longitude.**		
20 13	70 40	3 0	1817		Var. ° ′	années.
16 32	70 45	5 15	1817			
29 12	74 45	4 40	1817	Lat. 62 41 long. 81 13	41 0O	1782
27 15	72 15	3 0	1817	61 46 83 18	36 0	1782
Entrée de la baie				21 55 85 15	11 0E	1817
de Chesapeach ,				28 27 90 0	8 55	1816
lat. 36°........		5 0O	1781	24 30 83 15	10 0	1817
Lat. 36 23 long. 70 58		2 0	1795	23 53 84 10	12 0	1817
36 12	72 10	1 4	1795	23 15 82 33	10 6	1817
35 45	70 24	2 20	1795	25 15 80 3	8 54	1817
35 13	70 25	0 45	1795	De la rivière de St.-		
34 52	70 40	2 50	1795	Jean, lat. 30° 10′	6 47	1771
34 45	76 20	3 0	1780	De St. - Augustin,		
33 35	70 10	3 0E	1795	lat. 29° 45′.....	5 59	1771
32 50	79 20	4 18	1780	Cap Canaveral , lat.		
32 15	71 52	1 24	1794	28° 17′.........	0 0	1771
30 40	72 0	2 50	1795	Lat. 24° 25′ long. 82° 3′	6 7	1775
30 39	72 35	2 15	1795	Cap St. - Antoine ,		
30 30	71 26	2 45	1795	extrémité O. de		
30 15	70 40	2 45	1795	Cuba, lat. 21° 50′	8 0	1773
30 3	70 58	2 30	1795	Grand Cayman, lat.		
29 12	71 10	1 15	1802	19° 11′.........	8 0	1773
26 40	72 4	2 15	1802			

NAVIGATION
THERMOMÉTRIQUE.

INTRODUCTION.

» La manière dont les Mémoires suivans furent mis au jour pour la première fois, s'opposait à ce qu'ils obtinssent toute la publicité désirable. Ils faisaient partie d'un recueil beaucoup trop volumineux pour se répandre dans beaucoup de mains. L'un d'eux, cependant, eut quelque succès en Europe. On le reçut favorablement en Angleterre, et il fut traduit à Pétersbourg et à Madrid, en russe et en espagnol. La dernière version était précédée d'un rapport du directeur des académies de marine espagnoles. On le trouvera dans la suite de cet ouvrage.

» La marine militaire et marchande des Etats-Unis a pris une telle importance, que nous croyons devoir publier de nouveau tout ce que nous avons recueilli, dans le but d'établir que les côtes américaines peuvent être approchées avec sûreté, sans qu'il soit nécessaire de faire usage de la sonde, sans qu'il soit utile de voir la terre ou de faire des observations astronomiques, ce qui n'est pas toujours possible. Les courans, dirigés la plupart vers l'Amérique, influencent la marche des vaisseaux, et rendent les estimations inexactes. L'usage du thermomètre acquerra une double importance, si l'on reconnaît que cet instrument est un guide infaillible pour les navigateurs.

» Tous les marins, vers la fin d'une longue traversée, sentent combien il est important pour eux de rencontrer des vaisseaux nouvellement partis de l'endroit pour lequel ils sont destinés, afin de corriger leur latitude d'après une estimation qui présente plus de certitude, parce qu'elle s'applique à une distance plus courte que celle qu'ils ont parcourue. C'est ici que se manifeste l'utilité du thermomètre. En effet, dès qu'on arrive entre le *Gulf-Stream*(1) et la côte, la colonne de mercure s'affaisse tout-à-coup, et lorsque la sonde peut annoncer le fond, elle s'abaisse de nouveau. Alors, comme chacun sait, un navire a encore douze heures de marche parfaitement sûres ; et la crainte d'atteindre les

____

(1) On désigne particulièrement par Gulf-Stream le vaste courant qui longe le littoral américain et aboutit à la baie d'Hudson.

attérages de nuit, ne doit pas le détourner de sa route. L'action du Gulf-Stream et des autres courans dirigés de l'est à l'ouest, rend toutes les estimations trop faibles. Nous en offrirons des exemples dans la suite, et comme l'habileté des capitaines que nous citerons ne peut être mise en doute, ces exemples serviront à accréditer les méthodes que nous proposons.

» Dans un des Mémoires suivans, on attribue la différence de température entre l'océan et l'eau qui avoisine les côtes, à des conduits sous-marins de rochers. Il ne sera pas inutile que nous placions ici quelques réflexions sur la nature de cette partie du globe qui forme le bassin de la mer.

» Nous ne connaissons que la superficie de la terre, et les mers paraissent impénétrables à tous les efforts humains. Lorsque les sondes atteignent une certaine profondeur, le plomb est probablement soutenu par la ligne à laquelle il est attaché. Cette hypothèse expliquerait facilement un phénomène observé par le capitaine Ellis, et rapporté par don Cipriano Vermicati. Après avoir sondé à 3900 pieds de profondeur, le capitaine Ellis trouva que son thermomètre marquait 53° (1) ; et dans une autre expérience où on employa une ligne de 5346 pieds, l'ins-

----

(1) Thermomètre de Farenheit.

4*

trument fut relevé en indiquant la même température. Ne peut-il pas se faire que l'action du
plomb ait été détruite par la résistance que
ces 5346 pieds de ligne auront éprouvées dans
l'eau ? Et, d'ailleurs, n'est-il pas raisonnable de
supposer que les couches inférieures de la mer,
étant plus denses que celles de la superficie,
sont, par conséquent plus difficiles à pénétrer ?
Ne doit-ce pas être l'effet naturel des lois de la
gravitation, quoique jusqu'à présent l'eau nous
ait paru un corps incompressible ?

» Aussi, avant que l'on ait creusé la terre,
le plus loin qu'on se soit avancé dans des sou-
terrains, la température n'a jamais été ni plus
ni moins que de 52 à 53 degrés, et la différence
d'un degré ne tient certainement qu'à la sus-
ceptibilité plus ou moins grande des instrumens
employés. Cette température est constante dans
les caveaux de l'Observatoire à Paris, et dans les
endroits semblables où l'on fait des observations en France ; mais elle varie pour les mers
dont on peut atteindre le fond. La surface de
l'eau sur le banc de Terre-Neuve est en été
à 47° de chaleur, et il a été reconnu par des expériences que dans la même saison, à 46 brasses
de profondeur, les entrailles de morue ne
sont qu'à 37 degrés, 16 degrés plus froides que
la superficie de la mer.

·» L'analogie permettrait donc volontiers de supposer que le fond du Banc de Terre-Neuve est presque congelé. Si l'on suppose une profondeur plusieurs fois aussi grande que celle atteinte par les sondes, si l'on suppose que le Banc s'abaisse au-dessous de ses sommités, autant que les montagnes s'élèvent à la surface de la terre, pourquoi le fond ne serait-il pas de glace pure ? La glace est l'état naturel de l'eau et de tous les corps que la présence ou l'absence de la chaleur fait passer de l'état de solide à l'état de liquide, et réciproquement. Notre globe tend par lui-même à demeurer en congellation, et partout où les rayons du soleil frappent trop obliquement aux pôles, sur le sommet des montagnes les plus élevées, les voyageurs ont été arrêtés par des glaces éternelles.

» L'influence du soleil, qui est déjà limitée sur la superficie du globe, à mesure qu'elle pénètre dans son intérieur, perd de plus en plus de son intensité. Ne peut-on supposer un point où cette influence cesse entièrement d'agir ? et dans ce cas, ne peut-on supposer aussi une profondeur où la température serait de 32 degrés, et où par conséquent la mer formerait une masse congelée? D'où provient, pourrait-on objecter, qu'à certaines profondeurs la température de la terre et de la mer

est constamment de 53 degrés ? Nous répon-
drons à cette objection, que le sol que nous ha-
bitons étant un mauvais conducteur du calorique, le calorique se trouve retenu, à une
distance que l'homme ne peut atteindre, dans
l'enveloppe de la terre. L'eau chaude étant
plus légère que l'eau froide, et quoique ce corps
soit un meilleur conducteur que la terre, le
calorique doit pénétrer avec plus de difficulté
à mesure qu'il gagne plus avant, et cesser entièrement d'agir dans les profondeurs extrêmes
de l'Océan. Cette théorie n'est pas applicable
aux endroits où la sonde atteint le fond. Les
bancs de sable et les rochers (qui sont assis sur
la partie centrale du globe, partie que nous
supposons aussi froide que la glace) étant de
meilleurs conducteurs que l'eau et la terre,
doivent absorber continuellement le calorique
de la mer qui les environne. En effet, lorsque
l'on est porté dans le voisinage des promon-
toires, des caps, entre des bancs et la côte, sur
un fonds qui est toujours fangeux, on trouve
que la température de la mer est plus élevée.
On observera qu'il n'y a ici rien qui contrarie
les principes de la *Navigation Thermométrique*,
puisque dans l'hypothèse la terre est généralement en vue, ou, si elle ne l'est pas, on est instruit de sa position par une observation anté-

rieure ; mais si on ne l'était pas , le thermomètre révèlerait ici l'infaillibilité de ses indications , car le navigateur doit s'attendre , en poursuivant sa route , à gagner le *fonds fangeux* dont il a été parlé , fonds qui règne jusqu'à la côte.

» On a publié dans le troisième numéro du *Journal des Sciences et des Arts,* l'extrait d'une lettre du docteur Davy à son frère, relative à la température de l'Océan et de l'atmosphère dans les régions équatoriales. Nous avons particulièrement fait attention aux remarques qui tendent à confirmer cette conclusion de M. Jonathan Williams et autres., *que la température de la mer baisse toujours sur les bancs , et que le thermomètre peut devenir un instrument très-utile pour la navigation.*

» M. Williams attribue au *pouvoir rafraîchissant* de la terre les effets que l'on remarque sur le thermomètre à son approche. On ne voit pas comment cette raison pourra être appliquée aux bancs qui sont au sein de la mer, ou dans les climats qui avoisinent les tropiques. M. de Humboldt dit , sans entrer dans aucuns détails, qu'ils sont causés par des courans sous-marins très-froids. Dans un entretien que l'on eut avec lui , il évita de soutenir cette opinion qu'il avait voulu seulement mentionner. Quant au docteur Davy, il semble n'avoir eu que l'in-

tention de noter un fait qui se reproduit toū-
jours, sans chercher à en pénétrer la cause.

« Le grand intérêt que nous prenons à la
navigation, nous a portés à examiner avec le
plus grand soin la théorie de ces phénomènes :
nous allons maintenant développer nos propres
vues. Les raisons qui nous ont déterminés se
sont déjà offertes, ou se présenteront sans doute
d'elles-mêmes au docteur Davy et à M. de Humboldt ; et en parlant ainsi, nous ne croyons
pas provoquer par des louanges intéressées les
éloges que nous serions honorés de recevoir de
la part de deux hommes aussi célèbres par
leurs vastes connaissances que renommés pour
la sincérité et la candeur de leur caractère.

» Les rayons solaires ne communiquent que
très-peu de chaleur à l'air en le traversant ;
mais il n'en est pas de même lorsqu'ils péné-
trent un corps aussi dense que l'eau. La cause
qui altère de plus en plus l'intensité de la lumière, lors de sa transmission à travers ce
corps, doit agir de la même manière à l'égard
de la chaleur.

» A un grand éloignement des terres, la
chaleur de la surface de la mer doit dépendre
de l'absorption des rayons solaires, tandis que
le froid doit résulter de sa propriété répercu-
lante et de l'évaporation. Or, l'eau est un con-

ducteur imparfait du calorique ; par un froid
de 38 ou 40 degrés (de Farenheit) , son intensité est augmentée. Lorsque les causes refroi-
dissantes agissent sur un océan sans fond , les
couches glacées de la surface s'enfoncent donc
nécessairement , et la température superficielle
n'est presque pas altérée ; mais lorsque la même
action a lieu dans un endroit de peu de profondeur , les couches glacées de la mer s'accumulent , finissent par atteindre sa surface , et y établissent une température qui se trouve moyenne
entre celles du jour et de la nuit.

» Dans les eaux basses et contiguës au rivage
le fond s'échauffera pendant le jour, la température deviendra plus haute que celle des parties reculées de l'Océan. Mais comme la terre
se refroidit plus vîte que la mer, l'air, qui par
le contact de la terre aura perdu de sa chaleur
pendant la nuit, l'air, dis-je, en s'étendant sur
la mer, neutralisera l'effet des eaux qui remontent du fond, et enlevera , à une certaine distance , plus de calorique que n'en communique
la terre. A 52 degrés de température , et au-
dessus , l'air et l'eau tendent à s'élever ; leur
disposition devient opposée lorsque la température est à 40 degrés environ; donc la superficie de la mer doit être refroidie lorsqu'une
masse d'air ou d'eau glacée s'en approche.

» M. Perron et autres ont supposé qu'il pouvait exister de la glace au fond de l'Océan. Il faudrait pour cela que la température de ses couches supérieures fût au-dessous de 40 degrés, car l'eau à 40 degrés est plus pesante qu'au point de congellation. Le comte de Rumford a montré que la glace se forme toujours à la surface de la mer ; alors celle qui existerait dans le fond commencerait nécessairement à dégeler lorsque la température superficielle est au-dessus de 40 degrés, car alors les courans chauds descendent, et ceux qui sont froids remontent.

» Les mêmes causes doivent également avoir leur effet partout où la chaleur de la mer est au-dessus de 52 degrés. Dans les mêmes circonstances, et sous tous les climats, les terres hautes ou basses devront toujours abaisser la température de l'Océan ; mais si la chaleur de la superficie est voisine de 40 degrés, ce qui arrive seulement dans les régions polaires, le thermomètre cessera d'être un guide assuré pour le navigateur, parce que l'eau est plus pesante par une température de 47 degrés environ qu'au point de congellation 32 degrés ; au reste, cette circonstance n'aurait lieu que dans des mers de glace. »

Extrait des Observations Maritimes du docteur Franklin, relatives au Gulf-Stream, publiées dans le deuxième volume des Transactions Philosophiques Américaines, *p.* 315.

(En mer, à bord du paquebot *le London*, capitaine Truxton, août 1795.)

Le Gulf-Stréam est un courant vraisemblablement causé par l'immense quantité d'eau que les vents alisés accumulent sur les côtes orientales de l'Amérique. On sait qu'une pièce d'eau de dix milles de largeur et de trois pieds seulement de profondeur, aurait bientôt, par l'action d'un vent violent, six pieds d'eau d'un côté, tandis que l'extrémité opposée serait à sec. Ceci peut donner une idée de la masse liquide amoncelée sur la côte de l'Amérique, et explique le courant impétueux que cette masse forme en s'écoulant ; courant qui, après avoir traversé les archipels du golfe du Mexique, passe dans le golfe des Florides, longe les bancs et les rivages de Terre-Neuve, se détourne et gagne les îles de l'Ouest. Ayant traversé plusieurs fois le Gulf-Stream, je me suis appliqué à observer les circonstances qui lui sont particulières, et qui sont propres à le faire reconnaître. Sa température est plus haute que celle des mers qu'il

(60)

sépare ; ses eaux, mélangées d'herbes marines, ne sont pas lumineuses pendant la nuit. Je joins ici les observations thermométriques faites dans deux voyages, j'y ajouterai peut-être une troisième partie (1). Il résultera de ces observations, que le thermomètre est un instrument utile en navigation, puisqu'il fait distinguer, à l'intensité plus ou moins grande de la chaleur, les courans qui vont du midi au nord d'avec ceux qui ont un cours opposé. Il n'est pas étonnant qu'une masse d'eau d'une grande profondeur, et large de plusieurs lieues, conserve sa chaleur pendant vingt ou trente jours, temps nécessaire pour qu'elle aille des Tropiques jusqu'au-delà de Terre-Neuve ; elle est trop considérable pour que l'air plus froid sous lequel elle passe la rafraîchisse soudainement. Cependant elle communique à ce fluide une quantité de calorique qui le raréfie et le porte dans les régions supérieures de l'atmosphère. Alors l'air environnant se précipite de toutes parts pour remplacer celui qui vient de s'élever, et, des chocs violens qui ont lieu, résultent les ouragans et les trombes d'eau si fréquentes dans le voisinage du courant. La vapeur d'une tasse de

____

(1) Cette troisième partie est le *Journal de Voyage* qu'on trouvera ci-après.

fhé ou l'haleine d'un animal s'aperçoivent difficilement dans une chambre échauffée ; mais
l'introduction d'un air plus froid les rend ap-
parentes tout-à-coup : de même les évaporations du Gulf-Stream, qui échappent à la vue
dans les latitudes méridionales, se condensent
à mesure qu'elles approchent de Terre-Neuve,
et produisent les brouillards particuliers à ces
climats.

Les marées extraordinaires que l'on a sur les
côtes de l'Amérique, lorsque des vents impétueux du N. E. contrarient la marche du Gulf-
Stream, sont un exemple bien connu de ce
que ces mêmes vents peuvent élever les eaux
de la mer au-dessus de leur niveau ordinaire.

La conclusion de ces remarques est que les
vaisseaux qui passent de l'Europe à l'Amérique
du Nord, et réciproquement, abrégeront leur
traversée en évitant de lutter contre le courant ; que le thermomètre leur servira à le reconnaître, et par conséquent à s'en éloigner.
Dans quelques cas particuliers, les navigateurs
pourront s'en servir et par là abréger la route.
Il est bon de le leur recommander.

Observations sur la Chaleur de l'eau de la Mer, faite au moyen du Thermomètre de Farenheit, en traversant le courant le Gulph-Stream, avec d'autres remarques faites à bord du paquebot Pensylvania, commandé par le capitaine Osborn, allant de Londres à Philadelphie, en avril et mai 1775.

Dates.	Heures.	Températ. de l'air.	Températ. de l'eau.	Vent.	Course.	Distance.	Latitude Nord.		Longitude		Observations.
							°	′	°	′	
Avril 10			62								
11			61								
12			64								
13			65								
14			65								
26		60	70				37	39	60	38	Beaucoup d'herbes sauvages, vue d'une baleine.
27		60	70	S. S. E.	O. par S.		37	13	62	29	La mer changeait de couleur.
28	8 av. midi.	70	64	S. O.	O. N. O.		37	48	64	35	Pas d'herbes sauvages.
—	6 ap. midi.	67	60			34					Pas trouvé le fond.
29	8 ap.	63	71	N.	O.	44	37	26	66	0	La nuit l'eau lumineuse.
—	5 ap.	65	72	N. E.		57					L'eau paraissait d'une couleur chargée, et n'offrait presque
—	11 ap.	66	66	N. O. par N.	O. pr S.						point de corps lumineux.
30	8 av.	64	70	N. E.	O. pr N.	69					
—	12 id.	62	70		E. pr S.	24	37	20	68	53	Beaucoup d'herbes, l'eau fut
—	6 ap.	64	72	E. S. E.	O. pr N.	43					de même et peu lumineuse.
—	10 id.	65	65	S.		25					Très-lumineuse.
Mai 1	7 av.	68	63			60					Dito, toute la nuit.
—	12 id.	65	56	S. S. O.	O. N. O.	44	38	13	72	23	L'eau change de couleur.
—	4 ap.	64	56		O. pr N.	21					
—	10 id.	64	57	S. O.	O. N. O.	31					Très-lumineuse.
2	8 av.	62	53			18	38	43	74	3	Dito. Vent et tonnerre
—	12 id.	60	53	O. S. O.	N. O.	18					
—	6 ap.	64	55	N. O.	O. S. O.	15					
—	10 id.	65	55	N. pr O.	O. pr N.	10					
3	7 av.	62	54			30	38	30	75	0	

Philadelphie en France, en octobre et novembre 1776.

Date.	Heure avant midi.	Heure après midi.	Températ. de l'air.	Températ. de l'eau.	Vent.	Cours.	Distance.	Latitude Nord.	Longitude Ouest.	Observations.
Octob. 31	10		76	70	S. S. E.	E. par S.	135	38 12	70 30	Le navire mit à la voile la nuit du jeudi 29 octobre 1776.
—		4		71						
Novbre. 1	10			78	O. S. O.	E. 1/2 N.	109	non ob.	68 12	
—		4	71	81						
— 2	8		71	75	N.		141	id.	65 23	
—	12			78						Quelques étincelles dans la mer, ces deux dernières nuits.
—		4	67	76						
— 3	8			76	N. O.	E. S. E. 1/2 E.				
—	12			76		E. pr S.	160	37 0	62 07	
—		4	70	76						Dito.
— 4	9		68	76		N. pr E.				
—		1		76			194	36 26	58 8	
—		4	68	76						Dito.
—		8		78						
— 5	8		68	76		N. E.	163	35 21	55 3	
—	12		70	75						
—		4		75						
—		8		75						
— 6	8			76	E. par N.	S. 50 E.				
—	12			77			75	35 33	53 52	
— 7	8			78	S. E. pr E.	N. 30 O.				
—	12			77			108	36 6	52 46	
—		4		77						
— 8	9		75	77	S. pr E.	N. 49 E.				
—	12			77			175	38 2	50 1	
—		4		77						
— 9	9		75	77						
—	12		75	70	S. O.	N. 33 E.	175	39 39	46 55	

(Suite de la page précédente.)

Date.	Heure avant midi.	Heure après midi.	Températ. de l'air.	Températ. de l'eau.	Vent.	Course.	Distance.	Latitude Nord.		Longitude Ouest.		Remarques.
Novbre. 9		4		71								
10	8		70	68								
—	12			64	E.	N. 17 E.	64	40	39	46	27	
11	8			63								
—	12			61	S. E.	N. 8 E.	41	41	19	46	19	
12	8		56	59								
—		4		69	N. N. O.	N. 80 E.	120	41	39	43	12	
13	tout le jour			68	E.	S. 82 E.	69	41	29	42	10	
14	8		70	70		N. 74 E.	111	42	0	39	57	
—		midi		72	E. S. E.							
—		4		71								
15	8		61	69								
—		midi		68	O. S. O.	N. 70 E.	186	43	30	35	51	
—		4		67								
16		midi	65	67	S. O.	N. 67 O.	48	43	32	34	50	
—		4		63								
17	8			63	E. S. E.	N. 19 E.	56	44	15	34	25	On aperçoit quelques herbes marines.
18	tout le jour			65	S. pr O.	N. 75 E.	210	45	6	29	43	
19		midi	65	64	S. O.	N. 80 E.	238	45	46	24	2	
20	8			62	N.	S. 80 E.	155	45	19	20	30	
—		4		60								
21	9			62		N. 88 E.	91	45	22	18	17	
22	10		60	62	S. S. O.	S. 89 E.	133	45	19	15	19	
23		midi		61	O. S. O.	S. 86 E.	194	45	6	10	35	
24		id.		60	N. N. E.	N. 78 E.	191	45	46	6	10	
25		id.		60	N. E.	S. 76 E.	125	45	4	3	23	
26		id.	56	60	E.	N. 73 E.	31	45	13	2	20	Sondé près Belle-Isle.
27		id.		58								
28		id.	54	56								

1785. *Journal d'un Voyage dans le canal entre la France et l'Angleterre, en se dirigeant vers l'Amérique.*

La Longitude est comptée à partir du Méridien de Londres, et le Thermomètre selon la division de Fatenheit.

Dates.	Latit. N.		Long. O.		Therm. Av.m. Air.	Eau.	Therm. Ap.m. Air.	Eau.	Vents.	Course.	Distanc.	Variat. de l'aiguille	A.	O.
Juillet 29					62	57			Ces Observations sont faites dans une révolution de 24 heures.		milles.	Ouest.		
30					62	58	63	58						
31					60	58	62	62						
Août 1	49	15	4	15	63	62	60	64	Est	S. O. 1/2 O.	60	22° 0'		
2	48	28	8	58	64	64	64	63	E. S. E.	O. pr S. 1/2 S.	174			
3	47	0	12	13	60	67	omis	omis	N. E.	S. O. pr O.	160			
4	45	0	15	43	66	66	id.	66	N. O. par O.	S. O. 1/2 O.	190			
5	43	5	17	25	67	65	65	68	N. E.	S. O. pr S.	131	20 0		
6	41	3	19	44	70	68	71	69	N. E.	S. O. 1/2 S.	166	16 30		
7	38	45	21	34	70	70	68	70	N. E.	S. S. O. 3/4 O.	165	11 30		
8	36	42	23	10	72	71	73	72	N. E.	S. S. O. 3/4 O.	149	11 15		
9	35	40	25	40	73	73	73	74	N. E.	O. S. O. 3/4 S.	137			
10	35	0	27	0	71	73	77	75	N. O.	O. S. O. 3/4 S.	76			
11	33	51	28	42	74	74	76	77	Nord.	S. O. 3/4 O.	112			
12	33	30	31	30	76	75	76	76	Nord.	O. 3/4 S.	143			
13	33	17	33	32	76	76	78	77	N. E.	O. 1/2 S.	103		79	78
14	33	22	34	31	76	76	81	79	S. S. E.	O. 1/2 N.	50		81	79
15	33	45	35	0	78	79	79	78	O. N. O.	S. O. 1/4 O.	35		79	79
16	34	14	35	30	79	78	81	80	Ouest	N. O. 1/2 N.	38		81	80
17	35	37	36	4	80	79	80	78	O. S. O.	N. N. O.	75		80	78
18	36	7	37	16	80	78	omis	omis	N. O. pr O.	O. N. O. 1/2 N.	65		80	79
19	36	38	38	0	78	77	78	77	O. S. O.	N. O. 1/2 O.	49		79	77

(Suite de la page précédente.)

Dates.	Lat. N (Deg.)	Lat. N (Min.)	Long. O. (Deg.)	Long. O. (Min.)	Therm. Ap.m. Air.	Therm. Ap.m. Eau.	Therm. Av.m. Air.	Therm. Av.m. Eau.	Vents.	Direction de la marche.	Distanc	Var. de la Boussole.		
Août 20	33	38	38	6	78	76	omis	omis	Ouest.	N. 1/4 O.	62		77	75
21	36	15	38	26	73	74	78	76	O. N. O.	S. pr O.	82		77	75
22	35	40	38	44	77	76	80	77	O. par S.	S. S. O.	38		80	77
23	35	35	40	52	79	77	78	75	Nord.	O. 1/4 S.	100		omis	omis
24	35	12	41	31	75	73	75	74	O. N. O.	S. O. pr O.	41		75	74
25	35	40	42	33	79	76	79	76	O. pr N.	O. N. O. 3/4 N.	60		80	76
26	35	30	42	44	79	76	80	76	S. O. p O.	S. O. 1/2 S.	14		80	76
27	35	14	43	23	79	77	81	79	Ouest.	O. S. O. 1/4 S.	38		81	78
28	34	23	44	0	78	76	78	78	N. N. E.	S. O. pr S.	60		78	78
29	34	12	45	52	77	78	78	78	N. E.	O. 1/4 S.	94	8° 0'	79	78
30	34	5	48	31	78	78	78	78	Est.	O. 1/2 S.	134		78	78
31	34	20	51	4	80	79	81	79	Est.	O. 3/4 S.	129		80	89
Sept. 1	34	20	52	47	81	78	omis	omis	S. S. O.	O. 1/4 N.	86		83	80
2	34	55	55	12	81	80	83	80	S. O.	O. pr N. 1/2 O.	125		83	80
3	35	30	57	24	83	80	83	80	S. O. pr S.	O. pr N. 1/2 N.	114	6° 0'	84	81
4	35	50	59	1	82	80	83	80	S. O. 1/2 O.	O. pr N. 1/4 N.	82		83	81
5	35	55	61	0	81	81	82	80	S. S. O.	O. 1/4 N.	96		82	81
6	36	20	62	30	80	80	79	81	N. O. pr N.	O. pr N.	75		78	80
7	34	50	63	10	87	81	78	80	N. O. pr O.	S. S. O.	86		78	81
8	34	45	64	40	75	79	75	79	Nord.	O. 1/4 S.	74		75	79
9	35	43	66	42	75	79	77	73	N. E.	O. N. O.	108		78	80
10	37	20	68	40	77	73	77	70	E. N. E.	N. O.	126		78	72

La longitude est comptée à partir du Méridien de Londres, et le Thermomètre selon la division de Farenheit.

OBSERVATIONS. .

3r *juillet.* — Le Start (1) est à l'O. N. O. distant de six lieues.

1er *août.* — La mer est lumineuse dans le sillage du vaisseau.

2 *août.* — La température de la mer est observée à 8 heures du matin et à 8 heures du soir.

6 *août.* — L'eau paraît moins lumineuse.

7 *août.* — Formégas est au S. O., distant de 32° et demi. Sainte - Marie au S. O., demi degré S., à 33 lieues.

8 *août.* — A partir de cette date la température est prise à 8 heures du matin et 6 du soir.

10 *août.* — Clair de lune qui empêche de voir la lumière de l'eau.

16 *août.* — Courant du nord.

19 *août.* — Première apparition d'herbes marines.

21 *août.* — Courant du sud.

22 *août.* — Nouvelle apparition d'herbes marines.

24 *août.* — L'eau paraît un peu lumineuse avant le lever de la lune.

---

(1) Le Start est, dans ce cas, la pointe de l'Angleterre, à l'entrée de la Manche.

29 *août.* — Pas de lune. Cependant l'eau est très-peu lumineuse.

30 *août.* — Beaucoup d'herbes marines aujourd'hui.

Id. — Id.

1er. *septembre.* — Id.

2 *septembre.* — Un peu de lumière dans l'eau.

4 *septembre.* — Pas d'herbes marines aujourd'hui ; l'eau est plus lumineuse.

5 *septembre.* — On voit de nouveau quelques herbes.

6 *septembre.* — L'eau est un peu lumineuse. Un très-fort coup de tonnerre dans la nuit.

7 *septembre.* — Un peu d'herbes.

8 *septembre.* — Plus de lumière dans l'eau. Un peu d'herbes.

9 *septembre.* — Peu d'herbes et moins de lumière dans l'eau que le soir précédent.

10 *septembre.* — Vue d'herbes de rocher. Nous sommes surpris que le thermomètre annonce une diminution de 6 degrés dans la chaleur de l'eau, depuis la veille à midi.

Ce jour, à 10 heures du soir, le thermomètre baisse encore et le jour suivant ; le 11 à 5 heures du matin, lorsque la sonde annonça le fond, la température de l'eau était seulement de 70 degrés. Le même soir le pilote vint à bord. Notre longitude estimée était de 5 degrés moindre que la longitude réelle. Le capitaine supposa que nous avions navigué à peu de distance du Gulf-Stream, et qu'une remole avait favorisé notre marche. Par la distance courue depuis le 9 septembre au soir, nous jugeons que nous avons dû être dans la partie ouest du Gulf-Stream. Le changement dans la température de l'eau vient alors de ce que nous avons soudainement passé des eaux de ce courant dans celles de notre propre climat.

Le 14 août l'on fit l'expérience suivante. La mer étant parfaitement calme, on plongea à 20 brasses de profondeur une bouteille vide bien bouchée, qu'on trouva dans le même état lorsqu'elle fut retirée. On la plongea de nouveau, mais cette fois à 35 brasses de profondeur; elle fut rapportée pleine, la pesanteur de l'eau ayant forcé le bouchon. L'eau contenue fut immédiatement éprouvée avec le thermomètre : sa température était à 70 degrés, 6 degrés de moins que l'eau de la superficie. Le plomb et la bouteille parfaitement visibles à 7 brasses de profondeur, l'étaient encore à 12 brasses, mais faiblement. On répéta cette expérience le 11 septembre, lorsque le fond n'était plus qu'à 18 brasses. On y jeta un caque, préparé avec précaution, qui d'un bout s'ouvrait en dehors et de l'autre en dedans, afin qu'en le remontant il pût rester bien fermé. Malheureusement le bout supérieur remplit seul son office ; mais comme il s'opposa parfaitement à l'introduction de l'eau par en haut, nous en conclûmes que l'eau rapportée était approchant celle du fond : sa température fut trouvée à 58 degrés, 12 degrés plus froide qu'à la superficie.

Nota. Ce dernier journal a été obligeamment tenu pour moi par M. J. Williams, mon compagnon de voyage, à bord du paquebot *le London*. M. J. Williams fit toutes les expériences avec la plus grande exactitude.

MÉMOIRE

DE JONATHAN WILLIAMS,

Sur l'usage du thermomètre en navigation.

(Lu le 19 novembre 1790.)

La crainte d'être accusé de présomption m'a empêché jusqu'à présent d'appeler l'attention de la Société Philosophique de Londres sur mes journaux de navigation ; mais intimement convaincu que par l'observation des changemens de température de mer, le navigateur peut être averti de l'approche des terres et éviter les dangers où des courans inattendus le précipitent, où sur lesquels il serait conduit par une estimation inexacte de route, je serais coupable à mes propres yeux si je différais encore de soumettre mon travail à l'examen de cette compagnie aussi savante que judicieuse.

Le sentiment de mon devoir est fortifié par le souvenir des malheurs de tant de marins, qui se croyant loin encore de la terre et parfaitement en sûreté, couraient à pleines voiles à leur destruction. J'ai moi-même manqué de faire naufrage sur les rochers de Scilly ; une demi heure de plus, notre perte était consommée : le jour, qui parut alors, offrit à nos regards l'écueil épouvantable auquel nous venions d'échapper.

Si l'on reconnaît que l'emploi du thermomètre puisse servir aux progrès de l'art de la navigation, l'idée d'avoir été utile à l'humanité me dédommagera amplement de mes peines : s'il arrivait, au contraire, que je me fusse trompé, soit à l'égard des faits, soit dans les conséquences que j'en aurais déduites, la pureté de mes intentions me fera, je l'espère, rencontrer quelque indulgence.

En 1785, dans les mois d'août et de septembre, je me trouvai compagnon de voyage, dans la traversée d'Europe en Amérique, avec feu le docteur Franklin. Je fis sous sa direction des expériences qu'il mentionna dans sa description du cours du Gulf-Stream, et dans un rapport qui fut joint à ses observations maritimes,

publiées dans le deuxième volume des *Transactions philosophiques*, page 528. Je pris dès-
lors la résolution de répéter ces expériences
dans tous mes voyages. En effet, me rendant de
Boston à la Virginie, en 1789, je tins un journal
de la température de l'air et de l'eau, au lever
et au coucher du soleil et à midi, et recueillis
cette observation, que l'eau de la mer au-delà
des sondes était d'environ 10 degrés plus chaude
que celle qui est adjacente aux côtes. Il me
vint naturellement la pensée que le thermomètre pourrait être un instrument utile en navigation, puisqu'il annonçait l'approche des
terres. Je crus devoir garder le silence, à ce
sujet, jusqu'à ce que je me fusse livré à de nouvelles expériences, ce qui effectivement eut
lieu dans quatre voyages successifs : le premier,
de Boston à la Virginie, mentionné plus haut ;
le deuxième, de la Virginie en Angleterre ; le troisième, d'Angleterre à Halifax, et le quatrième,
d'Halifax à New-Yorck. En consultant mes journaux, on peut se convaincre non-seulement de
l'exactitude du travail du docteur Franklin sur
la chaleur du Gulf-Stream, mais encore de ce
fait, que les côtes, bancs, îles de glace, rochers
sous l'eau, peuvent être découverts quoique in-
visibles et lorsque le mauvais temps empêche de
sonder, sans autre peine que celle de plonger un

thermomètre dans la mer. Il est bien connu des marins que l'eau est froide sur le banc de Terre-Neuve ; mais comme ils n'en ont fait l'épreuve que par le toucher, leurs remarques sont aussi diverses que la température des mains est variée, et je ne sache pas que l'on se soit occupé par la suite d'un sujet que l'on regardait comme de pure curiosité. Le docteur Franklin n'avait en vue, dans ses observations, que la connaissance des courans : l'extension qu'il était facile de donner à ses découvertes ne se présenta pas à son esprit. Cependant, c'est à son exemple, à ses entretiens instructifs, que je suis redevable de l'impulsion qui m'a porté vers ces recherches philosophiques ; c'est lui que l'on doit considérer comme la cause première du travail qui vous est présenté.

Suspendons toutes conclusions jusqu'à ce que les journaux aient été examinés. Ce sont eux qui doivent conduire à l'objet vers lequel ils ont été dirigés : il est bon de présenter les *faits* suivant l'ordre où ils ont été établis par les expériences.

1°. L'eau est beaucoup plus froide sur les bancs qu'en plein Océan : elle est d'autant plus froide qu'elle est moins profonde.

2°. L'eau, sur les petits bancs, est moins froide que sur les grands.

3°. L'eau, sur les bancs voisins de la côte, est plus chaude que sur ceux qui en sont éloignés ; mais elle est plus froide que l'eau de la pleine mer.

4°. L'eau est plus froide sur les bancs qui sont joints avec la côte, que sur ceux qui en sont séparés par un canal profond : la différence de chaleur est encore plus considérable à l'égard de la pleine mer.

5°. Les règles précédentes ne s'appliquent pas à l'eau qui est en dedans des caps et à celle des rivières : moins agitées, plus exposées à l'action du soleil, et en communication intime avec la terre, elles sont plus chaudes ou plus froides que celle qui est au-delà des sondes, selon les saisons et la température de l'atmosphère.

6°. Il résulte des propositions précédentes, que le passage d'une eau profonde à celle d'un banc sera indiqué par le thermomètre avant que l'on aperçoive la terre. Comme le sentiment de la chaleur est absolument relatif, on ne peut donner des règles basées sur une quantité précise de degrés : les différences observées doivent seules déterminer le jugement du navigateur. En effet, au mois d'août, je trouvai l'eau du cap Cod à 58 degrés, tandis que celle de la mer était à 69. En octobre, l'eau du même cap était à 48 degrés et celle de la mer à 59. Quoique la chaleur et la saison ne fussent pas les mêmes, la différence de 11 degrés dans l'un et l'autre cas suffisait pour annoncer la côte.

Je n'ai pas la prétention d'assigner la cause de cette différence de température entre la mer et l'eau qui est sur les bancs. Cependant les marins qui ont approché des îles de glace, diront que ce corps est un conducteur de la chaleur, puisqu'il rend l'eau dont il est entouré plus froide que celle qui est éloignée. La propriété d'être conducteur de la chaleur est bien reconnue dans le sable et les pierres, et il paraît qu'elle appartient aussi à la matière dont les bancs sont formés, quoiqu'elle y soit moins énergique que dans la glace.

La chaleur de l'eau tend sans cesse à se mettre en équilibre ; les îles de glace et les bancs favorisent continuellement sa transmission. Malgré cela, il y a toujours une différence de température qui suffit pour donner l'alarme quand le danger est près.

J'ai cru devoir présenter mes journaux tels que je les ai écrits en mer, afin qu'on ne puisse les soupçonner d'avoir été altérés en faveur de mes systèmes : cette circonstance, qui les rend plus dignes de confiance, fera, je l'espère, excuser leurs imperfections.

Dans le journal A, on voit que la température de la mer était, à la côte de Massa-
chuset, à 48 degrés ; au large, entre la côte et
le courant, à 59 degrés ; au bord du Gulf-stream,
à 67 degrés ; plus au sud, entre le courant et la
Virginie, à 64 degrés ; dans les landes de cette
terre, à 56 degrés. Dans cette saison (en octobre,
après les grandes chaleurs), l'eau devenait plus
chaude à mesure que nous approchions de la
côte.

Le journal B, de la Virginie en Angleterre,
montre qu'en décembre l'eau, sur la côte de
Virginie, était à 47 degrés ; entre la côte et le
courant, à 60 degrés ; dans le courant, à 67
degrés. Ce courant favorisait notre marche,
nous en profitâmes. La température de la mer
varia très-peu, jusqu'à ce que nous atteignîmes
les bancs de Terre-Neuve. Alors le thermomètre
descendit de 65 degrés à 54 degrés. Dès que
nous les eûmes dépassés, il remonta à 60 deg. ;
après quoi il baissa graduellement, notre route
nous portant au nord. Enfin, il était à 48 degrés
quand nous arrivâmes dans les landes.

L'on doit ici prêter attention à la régularité
de la diminution de la chaleur : elle était d'environ un degré par jour de marche, tandis que,
soit en venant des côtes de l'Amérique, soit en
y allant, le thermomètre présentait, dans l'es-

pace de quelques heures, des variations de 8
et 10 degrés. Il est bien connu, par le rapport
des sondes, que les côtes d'Angleterre s'étendent très-avant dans la mer, selon une pente
graduelle. Les bords de l'Amérique offrent une
organisation différente : l'eau, à une distance
médiocre, y acquiert tout-à-coup une profondeur incommensurable. Que l'on compare ces
faits avec les variations du thermomètre sur
l'une et l'autre côte, leur harmonie sera frap-
pante ; ce qui a été dit sur l'utilité de l'instrument sera confirmé.

D'après le journal du docteur Franklin, à
bord du *Reprisal*, en novembre 1776, le thermomètre baissa de 10 degrés, à une assez grande
distance des bancs de Terre-Neuve, et reprit
son premier état lorsqu'il les eut dépassés vers
le nord. Le docteur ne s'arrêta pas sur cette
circonstance. Je ferai observer qu'elle s'accorde
parfaitement avec ce que j'ai consigné dans
mon journal, aux mêmes lieux, neuf années
après.

Dans le journal C, le thermomètre a surpassé
mon attente, par la précision avec laquelle ses
variations ont indiqué les eaux profondes, ou
les bancs sur lesquels nous avons alternative-
ment passé.

Le journal D, d'Halifax à New-Yorck, contient non-seulement les profondeurs diverses des points sur lesquels nous avons passé, mais il indique encore le bord intérieur du Gulf-stream. Comme il me semblait, par le thermo-mètre et les sondes, que notre navire était en avant de l'Estimation, j'accordai ce que je crus convenable pour l'action de la remole, qui nous avait favorisés, et marquai, d'après la Carte, la longitude par laquelle je pensais que nous étions dessous celle que les officiers du bord avaient calculée. La discordance entre les sondes que l'on prenait et celles qui étaient marquées sur la Carte au lieu présumé du navire, fortifiait la bonne opinion que j'avais de mon opération particulière : toutes les con-tradictions disparaissaient en l'adoptant. On reconnut effectivement, à l'attérage, qu'elle seule avait été rigoureuse ; je gagnai un pari au capitaine, qui se plut à reconnaître l'avantage du thermomètre, et promit qu'à l'avenir il en aurait toujours un à son bord.

Par la continuité de sondes qui existe depuis le cap de Sable jusqu'à New-Yorck, et par l'en-foncement subit des côtes de l'Amérique à l'ap-proche du Gulf-Stream, je suis induit à penser que leur forme correspond aux inflexions du courant, et qu'elles se développent depuis la Virginie jusqu'à Terre-Neuve, selon un plan non interrompu dont les éminences forment les bancs qui nous sont connus. Si l'exactitude du thermomètre est démontrée à tout le monde comme à moi-même, il devient aisé d'avoir une description des bords sous-marins de l'Amérique, et cette description sera nécessairement beaucoup plus complète et plus précise que celles qui ont été faites jusqu'à ce jour par les procédés ordinaires.

J'ai tracé dans tous mes voyages la route du vaisseau sur la carte ; les degrés de chaleur de la mer y sont marqués jour par jour, de sorte que leur variation, à mesure que l'on approche de la côte, peut être saisie d'un coup d'œil. J'ai tracé aussi, d'après les expériences, le cours du Gulf-Stream. Je ne prétends pas déterminer jusqu'où il se porte vers l'Est ; mais ayant trouvé aux îles de l'Ouest un autre courant qui est précisément dans la même direction, j'incline à croire que le premier s'étend jusques-là, après quoi il se détourne et revient au Sud. Il faut noter enfin que le Gulf-Stream, ainsi que les autres courans, se resserre contre les terres ou s'écarte lorsqu'il est soumis à l'action d'une tempête violente et continue.

A l'appui de ce qui a été dit relativement à la remole du Gulf-Stream, j'ai extrait du journal d'un officier de la Marine royale anglaise, des observations qui en constatent une de chaque côté du courant (1). Deux autres extraits du même journal ont pour objet un courant des îles de l'Ouest, qui n'est peut-être que le Gulf-Stream, alors qu'il tourne vers le Sud. Ce journal (2) m'a été communiqué par M. Shuyler, capitaine du paquebot anglais, à bord duquel mes dernières expériences et observations ont été faites.

(3) J'ai joint à ce travail un détail d'expériences faites sur des poissons. On verra que la température de ces animaux est moins haute de 16 degrés que celle de la superficie de la mer. On en pourra aussi conclure que l'eau est d'autant plus froide qu'elle est prise à une plus grande profondeur.

L'on objectera peut-être que l'atmosphère ayant une influence immédiate sur les couches supérieures de la mer, les épreuves de la chaleur de l'eau, faites à la superficie (épreuves que la rapidité d'un vaisseau laissent seules praticables), paraissent ne pas mériter toute la confiance que je leur accorde. Je répondrai à cela, 1°. Que dans des expériences répétées en dehors des sondes, je n'ai jamais trouvé que l'eau

______

(1) *Appendice*, n° 1.
(2) *Appendice*, n°s 2 et 3.
(3) *Appendice*, n° 4.

prise à 5o, 4o et 6o brasses de profondeur, dif-
férât de plus de 6 degrés de celle prise à la superficie, et que dans une mer agitée la différence à 4 ou 5 brasses est si petite, qu'elle ne
mérite pas d'être mentionnée. 2°. Lorsque le
temps est calme et la mer tranquille, lorsqu'en
même temps le soleil découvert répand beaucoup de chaleur, il est aisé de plonger l'instrument à une grande profondeur. C'est ce que j'ai
voulu faire moi-même, et je n'ai trouvé qu'une
variation de 1 à 2 degrés. Il vaut autant réduire de 3 degrés la température obtenue à une
profondeur moyenne. La différence de température qui annonce l'approche des terres, est
dans tous les cas assez sensible à la superficie
de la mer, pour prévenir du danger. J'ai trouvé
qu'elle était de 6 degrés en trois heures de
marche, et nous avions encore une grande distance devant nous avant que d'être exposés.
Au reste, ce sont les faits, et non les argumens,
qui portent surtout la conviction avec eux : si
des navigateurs incrédules cherchent à me ré-
futer, il faut qu'ils le fassent avec des expériences, et l'on ne serait fondé à suspecter la
vérité de mes résultats qu'autant que ces expériences seraient en contradiction avec les
miennes.

Signé Jonathan Williams.

6

Les journaux suivans, tels qu'ils furent présentés à la Société Philosophique , renfermaient les expériences avec tous leur détails ; mais en les publiant on a cru devoir supprimer les répétitions inutiles ; le lecteur peut être assuré qu'ils n'ont pas éprouvé d'autre altération. La température de l'eau a été observée au moins trois fois par jour durant chaque voyage, et à chaque heure du jour et de la nuit, lors du passage sur des bancs ou à l'approche des côtes.

Nota. Le thermomètre est selon la division de Fahrenheit.

A. *Journal de la Température de l'Atmosphère et de la Mer, dans le passage de Boston à la Virginie, à bord du schooner l'America, capitaine Brace,*

PAR JONATHAN WILLIAMS.

Dates.	Epoques du jour.	Lieu du Vaisseau, à midi.		Température de	
		Latit. N.	Long. O.	l'Air.	l'Eau.
1789.					
Octobre 11	Coucher du soleil.	42° 5′	69° 40′	58	48
12	Lever du soleil.			50	54
	Midi.	40 23	68 46	50	52
	Coucher du soleil.			52	59
13	Lever du soleil.			57	65
	Midi.	38 40	70 35	60	67
	Coucher du soleil.			64	66
14	Lever du soleil.			65	62
	Midi.	38 46	71 58	69	61
	Coucher du soleil.			66	64
15	Lever du soleil.			70	65
	Midi.	38 25	73 10	67	64
	Coucher du soleil.				
16	Lever du soleil.			59	63
	Midi.	37 45	73 40	60	64
	Coucher du soleil.			61	64
17	Lever du soleil.			62	64
	Midi.	37 36	74 1	66	64
	Coucher du soleil.			63	64
18	Lever du soleil.			60	57
	Midi.	37 34	74 45	60	56
	Coucher du soleil.			50	57
19	Lever du soleil.			56	60
	Midi.	37 4	76 4	58	58

Notes du Journal A.

11 *octobre*, coucher du soleil. Nous partîmes à huit heures du matin de Boston. Au coucher du soleil nous étions devant le cap Cod, lequel gît

par 42° 5′ lat. N., et 70° 4′ O. de Greenwich.

12 *octobre*, à midi, aucun indice du Gulf-Stream par cette longitude.

Idem, au coucher du soleil. Nous approchons probablement du Gulf-Stream, l'eau étant de 7 degrés plus chaude qu'à midi.

13 *octobre*, au lever du soleil. A minuit nous avions parcouru 80 milles dans la direction du S. O. L'eau alors était à 60 degrés.

Idem, à midi. Nous sommes probablement dans le courant, l'eau étant plus chaude de 15 degrés que la veille à la même heure.

13 *octobre*, au coucher du soleil. Nous avons fait une bonne observation à midi. L'eau continuant d'être chaude, nous sommes probablement encore dans le courant.

14 *octobre*, au lever du soleil. Nous avons fait pendant la nuit 52 milles ; notre direction a été à-peu-près Ouest.

Idem, à midi. Il paraît, d'après les observations, que nous sommes 18 milles au Nord de notre estimation : jusqu'à présent elle avait été exacte.

14 *octobre*, au coucher du soleil. L'eau était hier à midi plus chaude de 6 degrés qu'aujourd'hui à la même heure. Le contraire a eu lieu relativement à l'air : il a été constamment de 9 degrés plus chaud qu'hier. Par cette diffé-

(85)

rence , et par la perte de 18 milles sur notre
route, il est probable que nous étions hier dans
le courant et qu'il nous aura portés au Nord.
Ainsi , à 38° 43′ de lat. N. , le bord occidental
du courant s'etend jusqu'à 71° 15′ long. O. Cette
longitude est le terme moyen entre l'estimation d'hier et celle d'aujourd'hui.

16 *octobre* , à midi. J'ai plongé, à 30 brasses
de profondeur dans la mer, une bouteille vide
bien bouchée et l'ai retirée vide. Je l'ai plon-
gée de nouveau , et à 60 brasses je l'ai retirée
pleine. Cette eau, recueillie entre 30 et 60
brasses de profondeur , était à une température
de 58 degrés , 6 degrés de moins que la superficie de la mer.

17 *octobre* , à midi. Observez combien la
température de la mer a été régulière depuis
quatre jours, c'est – à - dire depuis que nous
sommes hors du courant.

18 *octobre*, au lever du soleil. Par le changement soudain de la chaleur de la mer, je
soupçonne que nous approchons des sondes.

18 *octobre*, à midi. Sondes , mais à plus de
60 brasses de profondeur. Aucune observation
depuis que nous sommes en mer , si ce n'est
celle que l'on fit au commencement de la traversée.

Idem , à huit heures. Le fond à 33 brasses ,

la chaleur de l'eau à 56 degrés. A minuit, 21 brasses d'eau.

19 *octobre*. A deux heures du matin, 18 brasses d'eau ; à quatre heures du matin, 14 brasses ; à huit heures nous reconnûmes le cap Charles, à l'O. N. O. ; à neuf heures le cap Henry, à l'O. S. O. de la pointe de Willougby, à l'embouchure de la James. Le cap Charles est par 37° 11′ de lat. N., et 6° 14′ de long. O. Nous sommes maintenant à 14 milles en dedans de ce cap ; ainsi l'estimation a été très-exacte.

Nota. L'eau est un peu plus chaude sur le banc que dans les sondes plus profondes en dedans du cap.

B. *Journal de la Température de l'Atmosphère et de la Mer, dans le passage de la Virginie en Angleterre, à bord du brick le Mercure, capitaine Thompson.*

PAR JONATHAN WILLIAMS.

Dates.	Epoques du jour.	Lieu du vaisseau, à midi.				Température de	
		Latit. N.		Long. O.		l'Air.	l'Eau.
1789.							
Novemb. 30	Midi.	37°	0′	75°	43′	42	47
	Coucher du soleil.					42	5o
Décemb. 1	Lever du soleil.					42	54
	Midi.	36	3o	70	13	44	6o
	10 h. du matin.					5o	70
2	Coucher du soleil.	36	3o	68	47	58	67
3	Midi.	36	3o	65	39	6o	70
	Coucher du soleil.					63	71
4	Lever du soleil.					59	69
	Midi.	37	3	62	13	6o	68
	Coucher du soleil.					59	67
5	8 h. du matin.					56	66
7	Coucher du soleil.	38	7	54	4	66	68
8	Midi.	38	43	52	12	68	66
9	Lever du soleil.	39	56	48	52	66	62
10	Coucher du soleil.					46	54
	Midi.	40	10	46	12	54	6o
	Coucher du soleil.					52	62
11	Midi.	40	44	43	39	56	6o
13	Midi.	42	22	39	35	62	59
14	Lever du soleil.	43	54	36	4	61	58
15	Lever du soleil.					58	57
	Midi.	44	58	32	27	6o	55
16	Midi.	45	58	29	0	56	53
22	Lever du soleil.	48	22	21	2	48	5o
24	Minuit.	49	48	13	54	46	49
25	Midi.	49	40	10	14	48	48
27	Midi.	49	56	3	32	58	49
28	Midi.	5o	24	2	22	5o	49

Notes du Journal B.

3o *novembre*. Nous mettons à la voile ce matin

à Hampto - Road. A midi nous avons le cap Henry à l'ouest, distant de deux lieues.

1er *décembre*. Nous entrons dans le Gulf-Stream à dix heures du soir.

16 *décembre*, au lever du soleil. J'attribue le froid que nous éprouvons au Banc de Terre-Neuve. Ce banc est à la même latitude que nous.

22 *décembre*. Depuis le 16 jusqu'à ce jour, il n'y a eu que peu ou pas de changement.

25 *décembre*, à huit heures du soir, sondes par un fond de 75 brasses.

27 *décembre*, à midi, 40 brasses d'eau.

28 *décembre*, à midi, vue de Portland.

(89)

C. *Journal de la Température de l'Atmosphère et de la Mer, dans le passage de Falmouth en Angleterre, à Halifax, à la Nouvelle-Écosse, à bord du paquebot anglais le Chesterfield, capit. Schuyter.*

PAR JONATHAN WILLIAMS.

Dates. 1790.	Epoques du jour.	Lieu du Vaisseau, à midi.		Température de	
		Latit. N.	Long. O.	l'Air.	l'Eau.
Juin 12	Midi.	49° 57'	5° 14'	61°	55°
	6 h. du matin.			57	57
14	Midi.	48 11	12 18	61	58
15	8 h. du matin.	47 25	16 16	60	59
21	Midi.	48 7	25 16	62	57
22	8 h. du matin.	47 19	26 11	59	58
23	Midi.	46 38	27 55	62	60
24	6 h. du matin.	45 13	28 29	64	62
25	Midi.	44 46	30 32	67	63
26	7 h. du matin.	44 53	32 15	66	62
27	Midi.	44 51	33 29	63	61
30	Midi.	44 56	36 21	64	60
Juillet 1	Midi.	44 0	37 2	66	64
2	8 h. du matin.	44 31	38 25	65	61
3	8 h. du matin.	44 52	39 56	62	60
4	Midi.	44 23	40 53	66	62
5	6 h. du matin.	44 20	43 25	66	63
6	6 h. du matin.			66	62
	Midi.	44 43	46 7	62	57
	1 h. du matin.			62	55
	4 h. id.			58	53
	5 h. id.			55	51
	6 h. id.			60	56
	7 h. id.			59	57
	Minuit.			59	55
7	4 h. du matin.			58	51
	6 h. id.			56	50
	7 h. id.			56	49
	10 h. id.			56	51
	11 h. id.			55	53
	Midi.	45 0	47 57	55	51
	6 h. du soir.			55	49
8	6 h. du soir.	45 14	49 13	53	47
9	8 h. du matin.	45 10	51 9	53	47
10	8 h. id.	44 54	53 39	57	51
11	8 h. id.	44 52	54 57	58	53
	5 h. du soir.			60	54
12	8 h. du soir.	44 49	56 16	55	55
13	8 h. du matin.	44 30	58 28	55	53
	8 h. du soir.			56	54
	10 h. id.			50	53
14	8 h. du matin.			60	56

Notes du Journal C.

1er *juillet.* Dans la soirée je fis passer un seau d'eau de mer à travers un essuie-main, et la partie lumineuse, qui était très-abondante, resta toute entière dans le linge.

6 *juillet*, à cinq heures après-midi, je suppose que nous sommes sur le banc de Jacquet; à sept heures du soir, je suppose que nous sommes entre le banc de Jacquet et le grand banc de Terre-Neuve.

7 *juillet*, à quatre heures après-midi. L'irrégularité de la chaleur annonce des éminences dans la vallée qui sépare le banc de Jacquet du grand Banc.

9 *juillet*, à huit heures du matin, 40 brasses d'eau.

10 *juillet*, à huit heures du matin, 45 brasses d'eau.

11 *juillet*, à huit heures du matin, 56 brasses d'eau; à six heures du soir, 75 brasses.

12 *juillet*, à huit heures du soir. On n'atteint pas le fond avec une ligne de 110 brasses sur le grand Banc.

13 *juillet*, à huit heures du matin, 42 brasses d'eau. On est peut-être sur le banc aux Ba-

leines ; à huit heures du soir, 4o brasses d'eau;
à dix heures, 35 brasses.

14 *juillet*, à huit heures du matin, 38 brasses
d'eau ; à midi, 6o brasses. Le temps est calme,
le soleil luit.

15 *juillet*, à deux heures après-midi. Vue de
la terre. A cinq heures, et par un fond de 13
brasses, nous louvoyons en nous éloignant de
terre ; à huit heures du soir la terre est hors
de vue.

16 *juillet*, à midi, nous avons le cap sur la
terre ; à huit heures du soir nous louvoyons
en nous éloignant de la terre.

17 *juillet*, à six heures du matin, nous
sommes sur le banc de Jeddore ; à midi nous
l'avons passé.

----

*Observations dans le passage de Falmouth à
Halifax, par Jn. Williams.*

1790. — 17 *juin*. L'augmentation progressive
de la chaleur de l'eau, à mesure que nous
nous éloignons de l'Angleterre, indique que la
côte s'incline régulièrement. Cette circonstance est annoncée également par les sondes,
aussi loin que l'on puisse s'en servir.

6 *juillet*. Lat. 44° 43′ N. , long. 46° 7′ O. Il

se manifeste ici une diminution subite de 7° dans la température de l'eau. Nous devons approcher des bancs de Terre-Neuve ; cependant la sonde n'atteint pas encore le fond.

La ligne dont nous avons fait usage avait 160 brasses ; elle était très-forte, le plomb ne pesait que douze livres, de sorte que la ligne a peut-être fait flotter le plomb. A cinq heures du soir l'eau était plus froide de 4 degrés ; à huit heures elle devint plus chaude de 6 degrés. Nous avons vraisemblablement passé d'un banc à une eau aussi profonde que lorsque le premier changement de température s'est manifesté.

7 juillet. Lat. N. 45°, long. O. 47° 57′. Nous sommes de nouveau dans une eau froide (49°), sa température est 13° au-dessous de celle de l'Océan pendant les douze jours qui ont précédé le premier changement, à l'exception cependant de petites altérations qui avaient lieu, suivant que nous nous portions un peu plus au nord, un peu plus au midi. Ces changemens semblent annoncer notre arrivée sur un autre banc. Il y a un banc nommé *False Bank* dans les vieilles cartes, et banc de Jacquet dans d'autres, sur lequel nous devons avoir passé. Par cette longitude, mais plus avant au Sud, l'eau devient tout-à-coup froide : le docteur

Franklin a fait la même observation. Ceci con-
firmerait l'opinion que l'on a, que ce banc s'étend
vers le Sud. Je suppose sa pointe méridionale
à 40° long. N. à-peu-près. Nous nous disposons
à sonder. Il survient des avaries au grand mât
qui font suspendre l'opération. Nous n'avions
sorti que 80 brasses de la ligne lorsqu'il a fallu
la retirer.

8 *juillet*, à 6 heures du soir, l'eau était seulement de 2 degrés plus froide (47°) qu'au moment où nous allions sonder. 40 brasses d'eau.

12 *juillet*. Lat. N. 44° 49′, long. O. 56° 16′.
Depuis la dernière sonde le thermomètre a
varié comme la profondeur de l'eau : selon
qu'il y avait plus ou moins d'eau, elle était plus
ou moins chaude. Elle est maintenant à 55 degrés, 8 degrés plus chaude que lorsque le fond
était à 40 brasses. Nous sondons à l'instant sans
atteindre le fond avec une ligne de 110 brasses.
Cela indique que nous sommes hors du grand
banc et en-dedans de lui. La distance parcourue depuis que le thermomètre tomba à 54°,
jusqu'au dernier moment qu'il fut à cette température, donnera l'étendue des sondes sur le
grand banc. Ce banc peut se prolonger beaucoup plus avant, mais c'est dans une eau plus
profonde. Cela est noté sur la carte. Les variations du thermomètre, depuis hier au soir jus-

qu'à ce matin , indiquent notre passage sur une éminence du grand banc : elle est située au bord intérieur ; on la nomme *Whale Bank*.

13 *juillet*. Lat. N. 44° 30', long. O. 58° 28'. A huit heures du matin le thermomètre était à 53 degrés, 2 degrés plus bas que lorsque nous n'avons pu atteindre le fond avec 110 brasses de ligne. Nous avons trouvé 42 brasses d'eau. Ceci indique notre arrivée sur un autre banc, qui est nommé *Banquereau* sur les cartes. On doit observer que l'eau des petits bancs est moins froide que celle des grands. Rien de plus naturel, si on admet qu'ils sont conducteurs du calorique : leur énergie est en raison de leur volume. Lorsque les bancs sont unis avec une terre découverte , la terre ab- sorbe la chaleur de l'atmosphère, en reçoit beaucoup du soleil , de sorte qu'elle en prend bien moins à l'eau adjacente. Cette hypothèse est justifiée par les expériences : en dedans des caps la mer est plus chaude qu'au large , hors des sondes. Il est remarquable, outre cela, que l'eau sur les côtes de l'Amérique , et au bord des sondes , n'est que de 6 à 8 degrés plus froide que hors des sondes, tandis que sur le banc de Terre-Neuve il y a de 12 à 15 degrés de diffé- rence.

14 *juillet*. Lat. N. 44° 33', long. O. 59° 54'.

(95)

L'eau est ici à 57 degrés, 2 degrés plus chaude que lorsque nous ne pouvions atteindre le fond entre deux bancs. Il n'y a cependant que 65 brasses d'eau. A midi, et par la même profondeur, le thermomètre est monté à 61 degrés. Or le temps est calme, le soleil a été chaud ; il faut allouer quelque chose pour son influence ; d'où il suit qu'aucune conséquence ne doit être tirée de la variation de la température. La profondeur de l'eau, cependant, indiquerait volontiers notre sortie du banc de Banquereau, et le sable blanc du fond indique notre arrivée sur celui qui est joint à l'île de Sable. La même supposition résulte du principe mentionné ci-dessus.

15 *juillet*. Lat. N. 44° 50', long. O. 61° 20'. Nous voyons la terre à deux heures après-midi. Il y a 13 brasses d'eau. Le thermomètre marque 53 degrés. Cette terre s'accorde avec la description des environs de la rivière de Ste.-Marie. En revenant sur la route parcourue depuis le jour et la nuit précédente, on trouve précisément tout ce que l'estimation, le thermomètre et les sondes ont indiqué. Nous louvoyons pour nous écarter de la terre.

18 *juillet*. Au-dehors du hâvre d'Halifax. Quand nous nous éloignâmes de terre, le thermomètre monta à 57 degrés. Lorsque nous nous

sommes approchés de la terre de Jeddore, il a annoncé le banc de Jeddore en tombant à 52°. Pris par un calme, nous pêchions alors. En quittant le banc, il monta à 57 degrés; enfin maintenant que nous avons notre port en vue, il s'établit à 52 degrés.

(97)

D. *Journal de la Température de l'Atmosphère dans le passage d'Halifax à New-Yorck, à bord du paquebot anglais le Chesterfield, capitaine Schuyler.*

PAR JONATHAN WILLIAMS.

Dates. 1790.	Époques du jour.	Lieu du Vaisseau à midi. Latit. N.	Long. O.	Température de l'Air.	l'Eau.
Juillet 21	9 h. du matin.	Hâvre d'Halifax.		56°	53°
	11 h. id.	en dehors du hâvre.		55	52
	4 h. après midi.			64	56
22	6 h. du matin.			56	50
	Midi.	43° 12'	64° 6'	56	53
	4 h. après midi.			56	50
	7 h. id.			56	54
24	8 h. du matin.			56	50
	10 h. id.			58	53
	Midi.	41 57	65 1	68	58
	6 h. après midi.			62	57
	Minuit.			62	56
25	Midi.	41 53	65 33	64	58
	4 h. après midi.			64	55
	6 h. après midi.			62	53
	Minuit.			62	60
26	3 h. du matin.			62	53
	6 h. du matin.			60	57
	Midi.	41 8	66 56	64	60
	4 h. après midi.			64	62
27	3 h. avant midi.			60	54
	7 h. avant midi.			62	60
	Midi.	40 44	67 32	64	56
	4 h. après midi.		*68 30	64	54
	8 h. après midi.			65	59
	10 h. après midi.			64	55
28	1 h. du matin.			64	56
	6 h. du matin.			67	61
	Midi.	40 44	68 6	68	60
	8 h. après midi.		*69 40	69	64
	10 h. après midi.			69	64
29	4 h. avant midi.			68	63
	Midi.	40 25	68 20	68	63
	10 h. après midi.		*70 30	65	64
30	Midi.	40 23	69 14	67	66
	4 h. après midi.		*71 10	69	67
	8 h. après midi.			69	68
	Minuit.			70	69
31	3 h. avant midi.	40 29	70 51	70	68
Août 1	4 h. avant midi.		*72 30	70	68
	9 h. avant midi.			66	66
	4 h. après midi.	40 29	*73 40	68	66

* *Note.* Au-dessous de la position estimée, j'ai mis la longitude que je crois véritable. C'est celle que j'ai obtenue par les sondes et le thermomètre.

Notes du Journal D.

21 *juillet*. On met à la voile à huit heures du matin. — A quatre heures du soir la terre est hors de vue.

22 *juillet*, six heures du matin. Je suppose que nous sommes sur le banc de Roseway. — A midi, je suppose que nous sommes entre le banc de Roseway et celui de Brown. — Quatre heures après-midi. Nous devons être sur le banc de Brown. — A sept heures du soir. Nous devons avoir dépassé ce banc.

24 *juillet*, six heures du soir. Le courant est dirigé au N. E., et fait un nœud par heure. Pas de fond à 80 brasses.

25 *juillet*, à midi. Beaucoup d'herbes, une baleine, deux requins et plusieurs marsouins. — A six heures du soir. 42 brasses d'eau. Pas d'herbes. — A minuit. 32 brasses d'eau. Le cap est au Nord.

26 *juillet*, trois heures du matin. 32 brasses d'eau. Le cap est au Nord. — A quatre heures du soir. 50 brasses d'eau. Le cap est au Nord.

27 *juillet*, trois heures du matin. 35 brasses d'eau. Le cap est au Nord. — Sept heures du matin. Le cap est à l'Ouest. — A quatre heures après-midi. 28 brasses d'eau. — Huit heures du

soir. 4o brasses d'eau. — Dix heures du soir.
3o brasses d'eau.

28 *juillet*, à une heure du matin. 32 brasses·
d'eau. Le cap est au Nord. — A six heures du
matin. 43 brasses d'eau. Le cap est au S. O. —
A midi. 36 brasses d'eau. Le cap est à l'E. S. E.
— Huit heures du soir. 65 brasses d'eau. On
vire de bord. Presque du calme. — Dix heures
du soir. Pas de fond. Je suppose que nous approchons du Gulf-Stream. Nous sommes peut-
être au bord.

29 *juillet*, quatre heures du matin. 57 brasses
d'eau. Le cap est à l'Ouest. — Dix heures du
soir. 45 brasses d'eau. L'eau étant plus chaude
qu'à la même profondeur quand nous étions
près des bancs, je suis disposé à croire que le
fonds appartient à la côte.

3o *juillet*, huit heures du soir. 56 brasses
d'eau. Fonds de vase.

31 *juillet*, trois heures du matin. 63 brasses
d'eau. De la vase. Le fonds vaseux indique que
nous sommes en dedans des bancs de la côte.

1er *août*, neuf heures du matin. Vue de
terre. Elle gît au Nord. Nous sommes en dehors
de *Long-Island*. — Quatre heures du soir.
Phare de Sandy Hook en vue. Il est à l'Ouest.

Nota. Depuis deux heures du matin nous
avons filé de cinq à sept nœuds par heure, c'est-

à-dire environ 5o milles à l'Ouest. A midi, par conséquent, nous étions, d'après le thermomètre et les sondes, par 73° 4o' de long. O. Cela se trouve exact, puisque la terre est par 74° 8' de long. O.

Observations relatives au voyage d'Halifax à New-Yorck.

1790. — 21 *juillet*. On met à la voile ce matin, d'Halifax. A l'entrée du hâvre, et en dedans de la pointe de Chebucta, l'eau était à 53 degrés, et en dehors à 52. Dans les places entourées de terre, j'ai trouvé ordinairement l'eau plus chaude que dans les endroits les plus profonds, même au bord de l'Océan.

22 *juillet*. L'eau était à 56 degrés lorsque nous cessâmes de voir la terre ; l'eau est ce matin à 5o degrés. Je crois que nous passons sur le banc de Roseway.

A midi la température de l'eau s'élève à 53°. Je suppose que nous sommes entre le banc de Roseway et un autre que quelques cartes nomment *Banc de Brown*. L'eau se refroidissant de nouveau (5o°), à quatre heures du soir, nous devons être sur ce dernier banc.

24 *juillet*. Lat. 41° 57', long. 65° 1'. La

température de l'eau était hier, à midi, de 56°. Je suppose que nous sommes au bord S. E. du banc de Brown. — Comme nous nous portâmes à l'Ouest après cela, et que l'eau est retombée à 5o degrés ce matin à huit heures, nous sommes probablement revenus sur le banc. Cependant à midi le thermomètre monta à 58 degrés. La mer était calme, le soleil chaud, je fis les réductions convenables, et estimai malgré cela que nous étions hors des sondes. A six heures, l'air étant à 57 degrés, 6 degrés plus froid qu'à midi, ceci fut confirmé. Il y avait toujours du calme ; l'eau était mélangée d'herbes, nous sortîmes le canot afin de reconnaître le courant, lequel était dirigé vers le N. E, et d'un nœud par heure. J'étais embarrassé, je ne pouvais concevoir que nous fussions dans le Gulf-Stream, l'eau n'était pas assez chaude pour cela. Le pot de fer avec lequel nous mouillons le canot, n'était pas au fond quoiqu'il y eût 8o brasses de ligne dehors ; j'estimai à 57 degrés aussi l'eau des couches inférieures. A sept heures du soir environ, après que nous eûmes fait une petite bordée, le calme s'établit de nouveau, et nous vîmes alors et entendîmes même le courant aussi bien que nous l'eussions fait sur un endroit solide. Je ne pouvais supposer que ce fût autre chose que le Gulf-Stream, et cepen-

dant il me semblait impossible qu'il se trouvât
si près d'un banc. Le capitaine résolut de s'assurer si le courant existait véritablement. On
sortit de nouveau le canot, et le fait fut cons-
taté. Le courant dirigé au S. S. E. faisait de
trois à quatre nœuds par heure. Par sa température et l'inflexion de son cours, je conclus
que c'était une remole du bord septentrional
du Gulf-Stream.

25 *juillet*, à midi. Lat. 41° 53', long. 65° 33'.
L'eau restant jusqu'à midi à la même température, et notre course ayant été S. O., notre
situation, par rapport au courant doit être la
même qu'au moment de la dernière remarque.
Ce qui le confirme, c'est le passage d'une immense quantité d'herbes et de beaucoup d'é-
cume et de mucus, avec une baleine, deux ou
trois requins et une bande de marsouins. Dans
l'après-midi la direction fut Nord. A six heures
du soir la mer était débarrassée d'herbes, sa
température était tombée de 55 à 53 degrés, la
sonde annonça 40 brasses d'eau. A huit heures
du soir nous avons viré de bord et mis le cap
au Sud. A minuit j'ai été surpris de trouver
l'eau à 60 degrés, sur un fond de 32 brasses.
J'attribue encore cela au Gulf-Stream : le capitaine, qui partagea cette opinion, vira de bord
et porta 26 degrés au Nord, le vent venant

toujours de l'Ouest. A trois heures du matin le thermomètre est descendu à 53 degrés, par la même profondeur d'eau et pendant que nous virions de bord pour porter au Sud. Je constatais régulièrement, toutes les heures, la température de l'eau. A cinq heures du soir elle était à 62 degrés. Nous avions alors 45 brasses de fond. — Nous avons reviré et porté 27 degrés au Nord. A minuit le thermomètre est descendu de nouveau à 55 degrés, et à trois heures du matin à 54 degrés par un fond de 35 brasses. Nous avons porté au Sud quand il est remonté à 60 degrés. Ainsi, pendant que nous avons louvoyé, l'eau est devenue plus chaude ou plus froide, suivant que nous portions au Sud ou au Nord. Je ne me rends compte de cela (les sondes n'ayant presque pas varié) qu'en supposant que dans le premier cas nous approchions du Gulf-Stream, et dans le second que nous nous en écartions.

27 juillet. Je pense que nous avons pénétré dans le Gulf-Stream, cependant il est possible que nous n'ayons atteint que son bord : la température de l'eau aurait dû être plus élevée. Une remole a peut-être favorisé la marche du navire. Il est bien certain que nous avons approché du Gulf-Stream, car, lorsque l'eau est devenue chaude, elle était très-claire et remplie d'herbes; lorsqu'elle s'est refroidie, sa transparence avait disparu ainsi que l'herbe.

Nous avons peut-être été portés plus à l'Ouest que nous ne pensons : avec du temps et de l'attention cela se reconnaîtra.

30 *juillet*. Lat. 40° 25′, long. 70° 30′. Depuis la dernière observation il ne s'est pas écoulé une heure sans que je fasse usage du thermomètre, à l'exception du temps où nous nous tenions éloignés des bords du courant. J'ai comparé mes sondes avec celles de la carte de Desmares : si l'on admet qu'un courant nous a poussés à l'Ouest avec une vîtesse d'un nœud par heure, leur accord est parfait. A 40° 25′ nous étions hors du courant; le fond était à 45 brasses et la température de l'eau à 64 degrés. J'attribue cette chaleur à l'influence du courant, influence qui augmente avec la profondeur de la mer. En effet, plus près du courant, et dans un endroit où il n'y a que 40 brasses d'eau, le thermomètre ne monta qu'à 60 degrés. En compulsant mon journal, de Boston à la Virginie, avec le capitaine Brace, je trouve qu'à la même latitude à-peu-près, et dans le même espace de temps, la température s'éleva de 52 à 59 degrés; à la vérité, la distance parcourue était plus grande. J'étais alors en mer en octobre, on est maintenant dans le mois de

juillet, la différence de température provient de la différence des saisons. En nous portant avec le capitaine Brace plus au S. O. , l'eau s'éleva à 67 degrés ; nous étions alors dans le courant. A présent nous trouverions 70 degrés. Je conclus de ce qui précède, que nous sommes sous l'influence de la chaleur du courant, quoique hors de ses eaux , et j'espère reconnaître qu'une remole a favorisé notre marche.

1er *août* , neuf heures du matin. Nous avons la terre en vue , et nous sommes confirmés dans l'idée qu'un courant avait augmenté la vîtesse du navire.

Extrait d'une lettre de F. D. Mason , écuyer , adressée à New - Yorck , au colonel John Williams , commandant du corps des Ingénieurs , et auteur de la Navigation Thermométrique.

Datée de Cliffton (Angleterre), le 20 juin 1810.

Mon voyage de New-Yorck à Halifax , sur le paquebot anglais *l'Eliza* , a été tellement difficile (nous avons eu le mât de misaine emporté),

que je n'ai pu faire aucunes observations thermométriques. Mais en quittant Halifax le 27
avril, je commençai à m'y livrer et continuai
jusqu'au moment où j'eus le malheur de briser
tous mes thermomètres. Quoique mes observations n'aient pas été de longue durée, vous
reconnaîtrez qu'elles ont été très-importantes :
je vous en adresse le résultat. Vous verrez avec
quelle exactitude le thermomètre a annoncé les
bancs et les îles de glace. Le capitaine fut si
bien convaincu de l'utilité de cet instrument,
qu'il se mit à s'en servir, et consigna ses observations dans son journal. Je lui ai fait présent
d'un exemplaire de votre ouvrage. J'ai pensé
qu'il vous serait agréable d'apprendre que je
cherchasse à répandre vos utiles découvertes ;
je voudrais qu'elles devinssent plus généralement connues. Après avoir échappé, comme
par miracle, aux îles de glace et à plusieurs
coups de vent, nous arrivâmes à Plymouth le
22 mai 1810.

Dates.	Heures		Chaleur de		Latit. N.		Long. O.		Remarques.
	matin.	soir.	l'Air.	l'Eau.	°	′	°	′	
Avril 28	10		44°	40°					
		1	47	41	43	30	62	52	(1) Banc de sable.
		4	43	42					
		8	46	40					
29	8		45	43					
	midi	midi	49	48	42	27	60	54	
		5	50	62					
		7	48	64					
		10	48	54					(2) Virement de bord près du courant.
30	9		58	62					(3) Entrée dans le courant.
	midi	midi	60	61	42	1	59	21	
		5	58	61					
		9	60	60					
Mai 1	8		60	58					
	11		60	46					(4) Pas de fond à 70 brasses; dans le fond l'eau est de 2 deg. plus chaude qu'à la superficie.
		2	64	25	41	53	56	52	
		3	62	46					(5) Ile de glace à 7 milles au S. S. E.
		4	58	47					(6) Front de glace à 1 quart de mille sous le vent.
		5	60	47					(7) Une île de glace à 7 milles S. S. O.
		6	57	45					
		8	56	48					
2	1		58	50					
	3		60	60					
	8		60	62					
	10		63	63					
	midi	midi	64	63	41	25	53	8	
		3	61	64					
		6	62	58					(8) Pas de fond à 70 brasses.

Remarques sur le journal précédent.

Le point important de comparaison est la différence de *la chaleur de l'eau à des places différentes*, et non la différence entre *la chaleur de l'eau et celle de l'air*, comme quelques-uns l'ont entendu. Cependant on fait marcher cette dernière sorte d'observations concurremment avec la première ; elles servent pour les changemens ordinaires et guident le jugement.

Du 28 avril à 10 heures du matin, jusqu'au 29 à 8 heures du matin, nous voyons que la température de la mer sur les bancs de sable varie de 40 à 43 degrés; elle s'élève à 62 et 64 degrés, à cinq heures après-midi, par l'influence du Gulf-Stream, et descend à 54 degrés entre la côte et le courant. On gagne alors le large, et le lendemain, à neuf heures du matin (le 30 avril), l'influence du courant se manifeste de nouveau.

Si ces parties de la mer étaient distinguées entre elles par des couleurs différentes, les eût-on mieux reconnues qu'on ne l'a fait avec le thermomètre ?

Environ 23 heures après, le 1er mai, à 8 heures du matin, l'eau se refroidit ; en moins de 3 heures la colonne de mercure baissa de

14 degrés (46°). Le plomb ne va pas au fond, l'on doit être près d'une île de glace que le brouillard empêche de voir. (Qu'il soit permis de rappeler que la glace condense l'atmosphère, et par conséquent engendre le brouillard.) Cette île de glace étant dépassée, le thermomètre monte à 54 degrés, et retombe de nouveau à 46 degrés, lorsqu'on en voit une autre à 7 milles. Que les navigateurs réfléchissent sur ces faits, et ils diront que l'abaissement subit de 6 degrés, dans cette partie de l'océan, doit les engager à gouverner au Sud et à se tenir sur leurs gardes.

Du 1er mai, à 11 heures avant midi, jusqu'au lendemain matin à une heure, le passage d'une eau embarrassée de glaces à une mer libre est exactement indiqué par le mercure; en moins de deux heures le mercure s'élève de 10 degrés (60°), et le navire se trouve dans l'influence du courant. La température de l'eau se maintient à-peu-près au même degré pendant 17 heures; à 6 heures du soir, elle commence à baisser, et tombe à 56 degrés à minuit. Dans ce moment pas de fond à 80 brasses. Même circonstance le 3 mai, à 4 heures du matin, lorsque l'eau était à 43 degrés. Maintenant on peut dire, d'après l'expérience, qu'une île de glace est à moins de 7 milles; car, à la distance de 7 milles, l'eau était à 46 degrés. En effet, lorsque le jour paraît, une énorme île de glace, de 100 verges de front, s'offrit; la température de l'eau tomba à 39 degrés! Il se présente une question : Si l'on n'eût pas fait usage du thermomètre, si l'on avait discontinué les expériences pendant la nuit, quel eût été le sort du navire?..... il suffit pour toute réponse de rappeler le sort du *Jupiter* (1). Le manque de

---

(1) Le capitaine Law a donné le détail des circonstances dans lesquelles se trouva *le Jupiter*.

« Le 6 avril, à huit heures du matin, dit-il, par lat. 44° 20', long. 49°, nous vîmes plusieurs morceaux de glace dont nous crûmes être débarrassés à onze heures. On gouverna O. N. O. et E. N. E. ; le temps était brumeux. A deux heures après midi on commença à découvrir de nouveau des îles de glace, et à trois heures nous en vîmes un large champ qui ne laissait aucune ouverture. On gouverna au Sud et à l'Est afin de s'éloigner. On dépassait à chaque instant de petites îles de glace ; vers cinq heures du soir elles s'étendaient si loin du Nord au Sud, qu'il devenait impossible de les éviter. On gouverna au Nord au milieu des glaces brisées ; quand la nuit vint, il n'y avait pas d'apparence de pouvoir gagner une mer libre. Nous nous sommes tenus en panne sous les trois huniers, avec deux ris de pris, dans l'espoir que la glace étant poussée sous le vent, nous parviendrions à nous débarrasser. A onze heures du soir nous dérivions très-vite du côté de la glace, il fallut mettre de la voile et gagner au Sud en manœuvrant selon les obstacles qui se présentaient. Enfin à minuit et demi un petit morceau de glace perça le navire à stribord. »

Le capitaine Law recommande aux vaisseaux destinés pour

précaution ou l'ignorance seront désormais la seule cause de semblables événemens : cette proposition a toute la force d'un axiôme.

JONATHAN WILLIAMS.

---

l'Europe, de ne pas se tenir plus au Nord que le 39ᵉ parallèle : le capitaine Guiner, par qui il fut secouru, avait été jusqu'à 41° 30', et ne voyait pas du côté du Sud la fin des glaces.

Température de l'Air et de l'Eau dans la traversée de New-Yorck en Irlande, en mars 1816.

Par John Carlton,

Commandant le navire LE GRAND TURC.

Mars	Air. à midi.		Eau.		Latit. N.		Long. O.		Vents.
7									
8									
9									
10									
11	44	15	68	30	39	8 N.	61	36	N. dans le golfe.
12	46	00	66	00	39	36	59	3	N. id. id.
13	47	00	65	00					S. O. id.
14	56	30	64	00	40	36	54	17	N. id.
15	64	00	59	30	40	42	52	47	O. O. du banc.
16	56	00	43	00	42	00	49	51	S. O sur le banc.
17	44	00	59	00	42	25	47	04	N. E. E. du banc.
18	58	00	61	30	42	25	45	42	S. et O.
19									
20	47	00	57	00	43	44	39	27	S. et O.
21	52	00	57	00	44	22	37	15	S. et O.
22	56	30	56	00	45	43	33	44	S. et O.
23	51	00	54	00	46	46	31	33	S. et E.
24									
25									
26	52	30	50	00	49	11	21	57	O.
27									
28	47	00	48	00	51	24	18	13	S. et E.
29									
30	48	00	50	00	51	15	17	25	E.
31	48	00	50	00	51	15	15	55	N. et E.
Avril 1	48	00	50	00	50	50	12	44	N. O.
2	45	00	50	00	50	44	10	24	S. O.
3	48	00	50	00	51	17	10	24	E.
4	48	00	50	00	50	30	9	13	E.
5	49	00	50	00	49	54	10	46	N. E.
6	49	08	50	00	50	18	10	23	N. E.

APPENDICE.

Notes et Observations Maritimes.

N° 1.

Extrait du journal d'un officier du vaisseau de guerre le Liverpool, en novembre et décembre 1775, sur les côtes de la Caroline et de la Virginie.

Lorsque le cap Henri gît à 160 lieues au N. O., un courant, dont la vitesse est de 10 à 12 milles par jour, se dirige au Sud. Il continue jusqu'à ce que le cap Henri soit à 89 ou 90 lieues à l'O. N. O. Alors on en trouve un autre de 32 à 34 milles par jour, qui se porte au N. E. ; il continue ainsi jusqu'à 33 ou 30 lieues de la côte, se tourne vers l'ouest et le sud-ouest, et va jusqu'à 12 ou 15 lieues de terre. Ce courant, qui n'est qu'une remole du Gulf-Stream, court principalement au sud-ouest, ou suit la côte.

A 25 lieues de terre, par 37° 50' de lat., il y a 65 brasses d'eau sur un fonds de beau sable. A la même latitude et à 26 lieues seulement de la côte, on n'atteint pas le fond avec une ligne de 180 brasses.

De 35° 30′ à 37° de lat., on ne trouve pas de fond à 20 lieues de terre. A 19 lieues il y a 60 brasses d'eau, à 18 lieues 35 brasses. La profondeur diminue graduellement jusqu'au bord.

Du cap Hatteras jusqu'au cap Henri le fonds est de beau sable. Au nord du cap Henri, le fonds est de gros sable mélangé de coquilles.

N° 2.

Extrait du journal d'un officier du vaisseau de guerre le Liverpool, entre le 26 septembre et le 9 octobre 1775.

Par 45° 43′ de lat. N. et 21° 20′ de long. O., on trouve un courant dont la vitesse est de 12 à 15 milles par jour. Ce courant est dirigé vers le Sud, et a continué jusqu'à ce que nous arrivassions à l'île de Corvo. La partie septentrionale de cette île est, d'après les observations astronomiques, par lat. N. 39° 56′, et long. O. de Greenwich 31° 8′; ce qui s'est trouvé d'accord, à 12 milles près, avec la longitude estimée 30° 56′. La variation du compas à Corvo est de 18° 19′ O.; elle diminue à mesure qu'on s'éloigne au Sud et à l'Ouest.

Par 29° de lat. N. et 66° 40′ de long., il n'y a plus de variation.

N° 3.

Le 18 octobre 1775, par lat. N. 42° 4′, et long. O. 10° 8′, l'île de Corvo étant à 75 lieues au S., 75° E., la mer passa d'un calme parfait à cette sorte d'agitation particulière aux courans. Il n'y avait eu ni changement, ni augmentation de vent. Le lendemain, nous étions 30 milles au-delà de notre estimation. Ce courant est dirigé au S. O. et fait un mille et demi par heure. Il a continué jusqu'à ce que nous fussions par lat. 37°, long. 15° 30′ O.

Comme nous avons eu des vents bien réglés, que la hauteur a été prise tous les jours et qu'on a fait de bonnes observations à l'effet de déterminer la longitude, nous avons toutes les raisons convenables pour compter sur l'authenticité de ce qui est rapporté ci-dessus.

N° 4.

Extrait du journal d'un officier du vaisseau de guerre le Liverpool, en juillet, août et septembre 1775.

Le banc du cap Cod s'étend presque aussi loin que le cap de Sable, où il se joint aux bancs de la nouvelle Écosse ; il s'enfonce graduellement de 20 à 50 ou 55 brasses. Cette dernière profondeur est par 43° de latitude. Lorsqu'on le traverse entre 41° 41′ et 43 degrés de latitude, le fonds est très-remarquable. Les côtes extérieures sont de beau sable, s'enfoncent peu-à-peu et vont à une distance de plusieurs lieues. Au milieu du banc, le fonds est de gros sable mélangé de cailloux. Enfin, les côtés intérieurs sont composés de sable et de coquilles, et plongent tout-à-coup de 45 ou 48 brasses à 150 ou 160.

N° 5.

Par lat. N. 44° 54′, et long. O. 53°19′, à bord du paquebot anglais le Chesterfield, capitaine Schuyler, 10 juillet 1790.

Le capitaine pêcha une morue, qui fut ouverte et vidée peu de minutes après. Je lui mis un thermomètre dans le ventre, l'instrument marqua 39 degrés. La température de l'air était alors à 57 degrés, celle de la superficie de la mer à 52 degrés 46 brasses d'eau.

Par lat. N. 44° 52′, long. O. 54° 57′, 11 juillet 1790. On pêcha des morues et des plies. J'introduisis un thermomètre dans le

corps d'un poisson de chaque espèce, au moment de sa sortie de l'eau : dans l'un et l'autre cas l'instrument marqua 37 degrés. L'air
était à 57 degrés, et la superficie de la mer à
53 degrés. Je répétai l'expérience lorsque les
poissons furent vidés ; il y eut un degré de chaleur de plus. La différence entre les deux expériences provenait évidemment de ce que les
sujets avaient été exposés plus long-temps à
l'air au moment où la seconde épreuve fut faite.
Or, la chaleur du poisson était de 16 degrés
moindre que celle de la superficie de l'eau ;
mais comme il paraît vraisemblable que la température de ces animaux doit être au moins
égale à celle du fluide dans lequel ils vivent,
j'en conclus que le fond de la mer était à 37
degrés au plus. Dans un précédent voyage, il
fut prouvé, par une expérience tout-à-fait décisive, faite près de la côte et par un temps
très-chaud, que le fond de la mer était de 16
degrés plus froid que sa superficie (1).

Une autre raison de croire la température du
fond de la mer moindre que celle de la superficie, c'est la grande distension des ouïes des
morues, malgré la quantité innombrable de

---

(1) Voyez le Journal de mon Voyage avec le docteur
Franklin, sur le paquebot *le London*, capitaine Truxton.

bulles d'air qu'elles laissèrent échapper lorsqu'on les retira de l'eau. L'air contenu dans
les ouïes devait avoir été, soit par le froid, soit
par la volonté de l'animal, beaucoup plus com-
primé en bas qu'en haut, où il était à 37 degrés.
Divers poissons, tenus à l'hameçon et amenés
à la surface de l'eau, y flottaient jusqu'à ce
qu'ils eussent repris leur vivacité naturelle.
Leur pesanteur spécifique était donc moindre
qu'au fond, et cela était probablement dû à la
distension des ouïes. Il est bien connu des na-
turalistes que les poissons s'élèvent ou s'enfoncent dans l'eau, par la faculté qu'ils ont d'augmenter ou de diminuer leur volume ; j'ai été
bien aise de le voir confirmé par de nouvelles
expériences.

Signé JONATHAN WILLIAMS.

RAPPORT

Par don Cipriano Vimercati, directeur des Académies de marine d'Espagne.

Le mémoire de Jonathan Williams sur
l'emploi du thermomètre en mer m'a été re-
mis d'après les ordres de Sa Majesté, afin que
je l'examinasse et pour que j'en fisse faire une
traduction exacte, dans le cas où il me paraîtrait

utile. J'ai exécuté fidèlement ce qui m'a été commandé. Je joins à mon travail une copie de la carte sur laquelle l'auteur a marqué sa route et ses observations; j'ai laissé aux caps, îles, etc. leurs noms anglais, lorsque ces noms m'ont paru plus généralement usités; j'ai rétabli les dénominations espagnoles dans les endroits qui les reçurent originairement ou qui paraissent devoir les conserver. — Voici le jugement que j'ai porté après une lecture attentive :

Les expériences de Williams sont faites avec tant de soin, elles présentent tant de régularité, et ont outre cela un accord si parfait avec les principes de physique relatifs à l'action et à la transmission du calorique, qu'elles ne peuvent que favoriser les progrès de l'hydrographie et fournir de nouveaux moyens de sûreté aux navigateurs.

Le calorique tend sans cesse à se mettre en équilibre, à passer d'un corps à un autre. Ce fait avait été mis en avant par le fameux Boerhave ; d'autres philosophes l'ont confirmé depuis.

Les corps froids, disent-ils, absorbent le calorique des corps moins froids qu'eux. Lorsque les corps sont parfaitement homogènes, la transmission se fait d'une manière régulière, la quantité de chaleur absorbée est la même dans un temps égal, jusqu'à ce que l'équilibre soit établi. Plus strictement parlant, l'homogénéité occasionne une accélération de mouvement dans le passage du calorique d'un corps à un autre. Ce cas est rare, et, les petites masses exceptées, il n'existe peut-être pas dans la nature : toutefois les corps sont d'autant plus près d'y être, qu'il y a une analogie plus parfaite entre eux. Au contraire, la transmission du calorique entre des masses hétérogènes est plus ou moins ralentie par les obstacles qu'elles se présentent réciproquement. J'excepte encore ici les petites masses. Les expériences de Muschenbroek (édition de Lulof, n° 1795 à 1600) ont aussi prouvé que le calorique cherche continuellement l'équilibre ; mais que sa distribution dans les montagnes et les bancs est plus ou moins active en raison de leurs densités ou d'autres circonstances particulières.

Muschenbroek, que je viens de citer, donne (n° 1602) les deux observations suivantes; elles sont relatives à la température de la mer. Il a passé légèrement dessus, il croyait n'avoir pas besoin de s'appuyer sur les faits qu'elles fournissent. La première, qui est prise dans l'*Histoire de la mer*, par le comte de Marsigli, est : qu'à 720 pieds de profondeur l'eau de la

(121)

mer est au même degré de chaleur que l'air
atmosphérique. On doit la seconde observation
au capitaine Henri Ellis, de la Société royale
de Londres. Elle se trouve dans le 47e volume
des *Transactions philosophiques*, page 213.
Or, le capitaine Ellis affirme que depuis la superficie jusqu'à 3900 pieds de profondeur, l'eau
de la mer devient progressivement plus froide,
plus salée et par conséquent plus pesante ; que
de 3900 pieds à 5346 (le plus loin qu'ait pu
s'étendre l'expérience), elle conserve la même
température, 53 degrés. La superficie était alors
à 84 degrés. Comparons sous le rapport de la
chaleur, le seul dont il doit être question dans
tout ceci, cette observation avec les hypothèses
de Williams et avec les principes généraux,
afin de reconnaître s'ils s'accordent ou s'ils sont
en contradiction.

Avant de nous livrer à ces considérations, il
me semble cependant nécessaire d'exposer l'observation d'Ellis avec toutes les circonstances
qui lui sont particulières. A cet effet, je donne
l'extrait d'une lettre qu'il adressa au docteur
Hale; cette lettre, qui était datée du navire *le
comte d'Halifax*, fut insérée dans les *Transactions philosophiques*, le 7 janvier 1751.

« Etant dans mon voyage, par lat. N. 25°
13', et long. O. 25° 12', je fis, dit le capitaine

Ellis, plusieurs expériences avec un seau propre à sonder. Je le chargeai et le fis parvenir à différentes profondeurs, depuis 360 pieds jusqu'à 5346. Par le moyen d'un petit thermomètre (construit par M. Bird, selon l'échelle de Farenheit) que je plaçai dedans, je découvris que le froid augmentait régulièrement à mesure que l'instrument descendait, et cela jusqu'à ce qu'il fût à 3900 pieds. Le thermomètre revint de cette dernière profondeur, marquant 53 degrés. Je crois l'avoir fait parvenir ensuite jusqu'à 5346 pieds, un mille plus 66 pieds, et le mercure ne tomba pas plus bas. Le température de la superficie de la mer et celle de l'air étaient dans ce moment à 84 degrés. Je ne doute pas que l'eau ne fût un ou deux degrés plus froide lorsqu'elle s'introduisit dans le seau, et qu'elle n'ait acquis de la chaleur en montant, car le seau étant resté à l'air 43 minutes, temps nécessaire pour la virer à bord, le mercure s'éleva de 5 degrés. » Voici jusqu'où s'étend l'observation d'Ellis ; il ajoute : « Cette expérience, qui semblait d'abord ne devoir fournir que de l'aliment à la curiosité, nous devint bientôt extrémement utile ; nous la répétâmes pour nous procurer des bains froids et pour faire rafraîchir le vin et l'eau à volonté ; ce qui est extrêmement agréable dans ces latitudes brû-

lantes. » Voici la conclusion de cette lettre :
« J'ai l'intention, dans notre passage aux Indes
Occidentales, de sonder un mille plus avant
que je ne l'ai fait ; mais la privation d'un ap-
pareil convenable m'empêchera d'employer
votre méthode pour parvenir jusqu'au fond de
la mer. »

Hales a joint à cette lettre, qui fut communiquée à la Société Philosophique, une copie
de celle qu'il adressa à son président, au sujet
du seau employé par Ellis dans ses expériences.
Voici comme il s'exprime :

« Le seau qu'employa Ellis, et dont je le
pourvus moi-même, afin qu'il pût constater la
température de la mer à des profondeurs diverses, était un seau ordinaire fermé aux deux
bouts par des fonds, dans le centre desquels
on avait pratiqué des trous d'environ quatre
pouces de diamètre ; ces trous avaient des couverts qui se levaient par en haut, et les couverts devaient s'ouvrir ou se fermer en même
temps par l'effet d'une petite verge de fer qui
était fixée d'un côté à la partie supérieure du
couvert d'en bas, et de l'autre à la partie inférieure du couvert d'en haut. Lorsque le seau
s'enfonçait, l'eau s'y introduisait nécessairement, parce que la force de l'eau tenait ouverts
l'un et l'autre couvert ; au contraire ils étaient

par la même cause tenus fermés l'un et l'autre lorsque le seau remontait. Une fois le seau à bord, on bouchait le trou inférieur afin de pouvoir lever les couverts, et l'on y introduisait un thermomètre qui était fixé par les deux bouts à un bâton droit, de telle sorte que pour opérer leur séparation il n'y avait qu'à pousser les deux clous mobiles qui servaient à les unir. Dans une opération de cette nature, il faut avoir grand soin de s'assurer de la hauteur du mercure avant que la partie inférieure du thermomètre ne soit hors de l'eau, car son état serait bien vîte changé par le contact de l'air. Afin que le seau soit toujours perpendiculaire, on le maintient avec quatre cordes qui vont, à trois pieds au-dessous de sa partie inférieure, se fixer au poids qui le fait enfoncer dans la mer. »

Voilà ce qu'on trouve dans la lettre du docteur Hales ; son invention est aussi simple qu'ingénieuse. C'est à dessein que je me suis livré à cette digression ; j'étais bien aise de produire les extraits qu'on vient de lire.

Revenons maintenant à la discussion que nous avons interrompue. Voici l'expérience rapportée par Williams. (Appendice, n° 5.) La superficie de la mer étant à 52 degrés, la sonde annonçant 45 brasses d'eau, le thermomètre, introduit dans le corps d'un poisson, descendit à 37 degrés, d'où l'on est porté à croire que cette dernière température appartenait aussi au fond de la mer. Il y avait donc 15 degrés de différence entre le fond et la superficie de l'eau, et 5 entre la superficie de l'eau et l'air ; car celui-ci était à 57 degrés. L'eau était donc froide de plus en plus vers le fond, soit que ce fond, conformément au principe général, absorbât son calorique, soit que l'air lui communiquât le sien moins activement, à mesure qu'elle devenait profonde. La différence des températures constatées résulte de l'une ou de l'autre de ces causes, et peut-être de leur combinaison. Dans tous les cas, il y a ici plusieurs points qui ne s'accordent pas avec les résultats de l'observation d'Ellis.

1°. Selon Ellis l'air et la superficie de l'eau avaient la même température ;

2°. Il y avait 31 degrés de différence entre la température de l'air et celle de l'eau à 3,900 pieds, qui font environ 650 brasses ;

3°. De 3,900 pieds, ou 650 brasses, jusqu'à 5,346 pieds, ou 890 brasses environ, la température était la même.

Malgré cela, en examinant les circonstances particulières à chaque observation, je ne trouve pas qu'il soit très-difficile de les concilier ; je conçois que les variations qu'elles présentent peuvent être attribuées aux mêmes causes diversement combinées.

Celle de Williams fut faite par 44° 52′ de lat. N., dans une saison moins chaude que la fin de l'été, le 11 du mois de juillet. Celle d'Ellis eut lieu sous la zône torride; quant à l'époque, elle n'est pas indiquée avec précision. Sa lettre, à la vérité, est datée du 7 janvier, un des mois d'hivernage; mais comme il dit que l'on faisait usage de l'eau prise à une grande profondeur pour les bains et pour rafraîchir les liqueurs, je dois en conclure qu'alors la température était excessivement chaude. D'ailleurs, les calmes de l'équinoxe et la position presque toujours verticale du soleil, empêchent l'air d'éprouver de grandes altérations sous cette latitude.

Si, au mois de juillet, l'eau et l'air ne différaient que de 5 degrés à 44° 52′ de lat. N., il n'est pas extraordinaire que, sous la ligne, leurs températures fussent presque les mêmes.

Williams a trouvé que la superficie et le fond de l'eau différaient de 15 degrés; la différence reconnue par Ellis s'élève à 31 degrés, au double de l'autre, et la profondeur à laquelle il est parvenu est quatorze fois aussi grande. On s'attendait à ce que l'excès du froid répondît à l'excès de la profondeur. Sous la ligne et à

3,900 pieds, l'eau, au lieu d'être à 53 degrés au-dessus de zéro, devrait être à 126 degrés au-dessous, cent vingt-six fois plus froide qu'une mixtion de neige et de sel ammoniac, et le mercure l'indiquerait, s'il ne se trouvait pas lui-même congelé depuis long-temps lorsqu'il arriverait à la distance supposée. Si les eaux de l'Océan étaient seulement échauffées par l'atmosphère et le soleil, leur température s'abaisserait à mesure que la profondeur serait plus grande, et sous les latitudes élevées la mer formerait, en hiver, une masse entièrement solide, au lieu de n'être que gelée à la superficie comme les rivières. Voilà ce qui devrait résulter du principe général ; mais ce cas est loin d'exister. Quoique les terres et les mers reçoivent principalement leur chaleur du soleil, il y a sans doute d'autres causes propres à l'entretenir, à la modifier ; c'est peut-être la chaleur propre du globe que des feux intérieurs alimentent, ou toute autre cause qui m'est inconnue. Enfin tous ces principes échauffans, diversement combinés, s'efforcent de pénétrer dans tous les corps, et lorsqu'il se trouve des corps qui présentent trop d'obstacle à la transmission du calorique, ils restent congelés.

Dans le cas en discussion, depuis la superficie de la mer jusqu'à 3,900 pieds de profondeur, la température s'abaissait de 31 degrés, et cela sous une latitude où l'égalité des jours et des nuits ou la position verticale du soleil entretient toujours une grande chaleur; et le fond, qui devait absorber le calorique et augmenter le froid de l'eau, était à une distance considérable, tandis que la diminution de 15 degrés par 44° 52′ eut lieu à 46 brasses ou 276 pieds de profondeur, sur un fonds qui, étant peu éloigné, pouvait agir avec plus d'énergie sur la masse d'eau qu'il portait. La diversité de ces circonstances montre que l'augmentation du froid n'est pas proportionnelle aux distances et qu'elle est plus active lorsque la cause en est plus rapprochée.

La difficulté est beaucoup plus grande d'expliquer pourquoi de 3,900 pieds à 5,346, le thermomètre est resté fixe à 53 degrés. S'il est bien certain que l'on ait atteint la dernière profondeur, ce phénomène a eu lui-même quelque chose de singulier, que je ne saurais expliquer et qui résiste aux principes généraux.

Quoi qu'il en soit, les observations précédentes ne détruisent ni les expériences, ni les hypothèses de Williams; car, lorsque l'on se sert du thermomètre immédiatement sous la ligne, les faits doivent être considérés relativement à cette position, et peuvent être très-dif-

férens de ceux que l'on recueille sous d'autres
parallèles. Ne nous étonnons donc pas que
Williams ait établi que la chaleur de la surface
de la mer et celle de l'air différaient en raison
des saisons, et que sous une même latitude, et
presque au même moment, la température
de la mer éprouvait, dans le voisinage des bancs
et des côtes, une altération capable d'annoncer
leur approche.

Les mêmes sujets d'observation ne se présentèrent pas à Ellis. Or, à moins que l'expérience
ne prouve que les mêmes phénomènes appar-
tiennent également à d'autres mers, quel est le
navigateur qui puisse les attendre et se repo-
ser sur eux comme sur des guides infaillibles?
Il y aurait de la témérité à supposer dans toutes
les parties du globe ce qui n'a été observé que
dans une seule.

Ce motif m'empêche de parler des expériences
de Marsigli, que j'ai déjà cité, parce qu'elles
ne sont pas circonstanciées, et que, d'ailleurs,
n'ayant pas sous la main l'*Histoire de la mer*,
je suis privé de ce qui m'est nécessaire pour
asseoir mon jugement. Tout ce que je puis dire,
c'est que si les faits sont exacts, ils tiennent à
des causes purement locales, sur lesquelles on
ne peut même hasarder une conjecture.

Le résultat du travail de Williams est donc que le thermomètre présente aux navigateurs des secours d'autant plus précieux, qu'ils sont d'une simplicité extrême. Cette théorie toutefois est loin d'être complète, les expériences ont été faites dans un espace trop circonscrit ; il serait à désirer qu'on les étendît à toutes les mers, que l'on recueillît exactement les déclinaisons, et qu'il fût enfin dressé des tables applicables à toutes les latitudes et à toutes les saisons. On commença, relativement aux déclinaisons, une opération semblable, à l'effet de dresser une carte qui eût donné les longitudes en mer ; mais elle fut abandonnée à cause de plusieurs inconvéniens, qui ne se présentent pas dans le système de Williams ; les faits qu'il a observés devront toujours se reproduire, à cela près seulement de la différence occasionnée par la diversité des saisons.

Les observations astronomiques qui servent à déterminer la position d'un vaisseau, n'indiqueront jamais la profondeur de l'eau, ni les dangers des attérages ; dans une matière qui intéresse autant l'humanité, les lumières qui résultent du Mémoire de Williams sont très-précieuses, et l'on doit s'efforcer de les aug-

menter tant qu'il restera des points obscurs, à
moins que des obstacles insurmontables ne s'y
opposent.

Signé CIPRIANO VIMESCATI,

Directeur des Académies de Marine.

Ile de Léon, 20 décembre 1793.

- *Nota.* C. Vimescati se pose des questions et
les élude ensuite au lieu de les résoudre. Nous
ne donnons cette pièce que parce qu'elle a été
citée précédemment.   *N. du T.*

***

JOURNAL

De la température de l'air et de la mer dans un
voyage à Oporto et pendant le retour, avec
des notes explicatives.

Extrait d'un lettre de David Rittenhouse, docteur en Droit
civil et en Droit canon, au Président de la *Société Philo-*
sophique Américaine, lue le 27 décembre 1792.

MONSIEUR,

(1) LE 15 juin dernier, le capitaine Williams
Billings, de cette ville, commandant le navire

---

(1) Je préviens que ce qu'on va lire est de Jn. Williams.
          N. du T.

9*

l'Apollon, présenta à la Société Philosophique Américaine les journaux de ses voyages à Oporto. Comme ils ne sont pas accompagnés de mémoires explicatifs, j'ai extrait tout ce qui n'est pas estimation de route, et je joins au reste un journal de la température de l'air et de la mer : c'était là, évidemment, le but de la communication qui vous fut faite, vu qu'il était convenable de prouver que ces observations n'étaient pas imaginaires, et qu'elles avaient effectivement été faites sur les lieux indiqués. Le capitaine Billings livra ses journaux, consistant en soixante-treize pages in-folio, ainsi que tout le détail du livre de log, dont l'original est déposé au secrétariat de la Société (1).

Les expériences de ce navigateur intelligent étant presque une répétition de celles que je fis deux années auparavant, et qui sont consignées à la page 11 de mon mémoire, je demande la permission de faire les observations suivantes :

Il paraît, d'après ses journaux, qu'en juin 1791 l'eau, près de la côte, était à la température de 61 degrés, et dans le Gulf-Stream à 77 degrés ;

---

(1) La température de la mer a été éprouvée plusieurs fois par jour ; mais dans cet extrait on n'a tenu note que des changemens importans, une succession de faits semblables paraissant inutile.

on voit dans les miens qu'en novembre 1789
l'eau près de la côte était à 47 degrés, et dans
le Gulf-Stream à 70 degrés, c'est-a-dire :

Par le capitaine Billings.	Par mes Expériences.	Différence entre Juin et Novembre
1791.	1789.	
Juin, côte.... 61°	Novemb., côte. 47°	14°
G.-Stream.. 77	G.-Stream.. 70	7°
Excès de la chaleur du Stream. 16°	Excès de la chaleur du Stream. 23°	

On peut conclure de là, que la différence de
chaleur est plus sensible en hiver qu'en été,
mais qu'elle suffit dans tous les temps pour
guider les navigateurs, de telle sorte qu'ils
puissent profiter du courant lorsqu'ils viennent
d'Amérique en Europe, et, dans le cas contraire, éviter de marcher contre sa direction.
On a, dans ce dernier cas, un avantage de plus
pour corriger la position présumée du navire.
En effet, le moment où l'on pénètre dans le
courant devenant connu, le gîsement de la côte
cesse aussitôt d'être ignoré. Si, par des expériences répétées, on pouvait établir sur des
bases solides ce mode de correction, le pro-
blême de longitude serait toujours résolu à
l'instant que sa solution est indispensable.

La course du capitaine Billings ayant été dirigée comme le courant, il ne remarqua d'autre

altération dans la température de l'eau, que
le refroidissement du courant lui-même à mesure qu'il s'avance au Nord; le mercure était
progressivement descendu de 10 degrés jusqu'à
39° de lat. N., et 56° de long. O., près de
Terre-Neuve. Le docteur Franklin trouva la
même différence en novembre 1776, à bord
du *Reprisal*, par lat. 41° N., long. 46° O. Le
Reprisal s'était plus avancé au Sud et gagna
l'eau froide par une direction Nord-Nord-Est,
tandis que le capitaine Billings, étant plus au
Nord, vint dans une direction Est, et dut, par
conséquent, être soumis à l'influence d'une
chaîne de bancs qui s'étend le long de l'Amérique, depuis les 45° O. de long., bancs à l'Est
desquels le *Reprisal* se tint davantage. En novembre 1789, je trouvai la même différence
(10°) par lat. 40° N., long. 49° O., après avoir
gouverné environ N. E.; et si une ligne était
tirée de la place où Billings marqua l'altération
de son thermomètre jusqu'à celle où le docteur
Franklin fit la même opération, elle couperait
le lieu de mes propres expériences, une suite
de bancs reconnus fréquemment par les sondes
et consignés dans les bonnes cartes. La coïnci-
dence de ces trois journaux, tenus à des époques diverses par des observateurs différens,
paraît devoir établir ce fait : Que l'approche des

écueils est annoncée assez à temps pour les éviter, par l'observation attentive de la température de la mer.

Après avoir dépassé les bancs, le capitaine Billings n'observa que de très-faibles changemens de température pendant les dix-huit jours qu'il employa pour se rendre aux côtes d'Europe. La même chose se remarque dans le journal de mon voyage en Angleterre, page 23.

Le capitaine Billings trouva que la mer se refroidissait déjà trois jours avant qu'il ne prît terre; au moment où elle fut en vue, le mercure tomba graduellement de 65 à 60 degrés : on était alors au mois de juin. En novembre, à mon approche des côtes d'Angleterre, le mercure passa de 53 à 48 degrés, lorsque l'on fut dans les sondes. Les températures étaient différentes à cause des saisons; mais la différence entre la chaleur de l'eau prise au large et ensuite à la côte demeura la même.

En revenant d'Oporto, l'arrivée du capitaine Billings aux îles de l'Ouest (les Açores) et son départ furent marqués par les variations du thermomètre; mais, dans ce cas, la différence fut petite : ces îles, par leur étendue et leur climat, ne devaient pas avoir une influence aussi considérable qu'un continent septentrional. Au reste, c'est moins aux îles situées sous une latitude

chaude qu'à d'autres terres plus dangereuses que
le thermomètre semble applicable avec avantage. J'admettrais même, sans inconvéniens,
que les variations de cet instrument sont moins
sensibles proche des îles situées entre les tropiques. Leurs bords rapides et élevés les font
apercevoir de loin ; le climat est exempt de
brouillards, de neiges, d'îles de glace ; pas de
longues nuits ; si l'on excepte les ouragans, qui
sont plus funestes dans les ports qu'ailleurs, ces
mers n'offrent que peu de dangers aux navigateurs.

En quittant les îles de l'Ouest, le capitaine
Billings gouverna à l'Ouest, et suivit à-peu-
près, le 30 août, le parallèle qu'il avait parcouru le 17. Des vents contraires le forçèrent,
entre ces deux époques, de louvoyer depuis
lat. 39° 4′ jusqu'à 36° 26′ N. ; le thermomètre,
durant cet intervalle, varia de 1 à 5 degrés.
L'on ne peut manquer d'observer que le *medium* des variations thermométriques correspond exactement au *medium* des latitudes ; à
59° 4′ l'instrument marquait 75 degrés ; à 36°
26′, 75 degrés ; enfin à 38° 12′, 70 degrés. Or,
Billings reçut du côté du Nord l'influence du
Gulf-Stream ; hors du Gulf-Stream, la mer devait naturellement être plus chaude au Midi
qu'au Nord ; le thermomètre, par conséquent,

lui montrait la direction de ce courant. La même chose arriva dans mon passage avec le docteur Franklin, sur le paquebot *le London*, en juin 1785. (*Voyez* vol. II, pag. 329, des Transactions de la Société Philosophique.) Le terme moyen des températures fut de 73 degrés, tandis que plus loin, au Nord et au Midi, le thermomètre s'éleva à 77 degrés.

Billings, en retournant aux côtes d'Amérique, reconnut sa sortie du Gulf-Stream à la chute de 5 degrés que fit subitement le mercure ; depuis midi jusqu'à la fin du jour il y eut encore un abaissement graduel de 5 degrés; enfin après huit heures de marche vers l'Ouest, lorsque l'on atteignit les sondes, et avant que la terre ne fût aperçue, une nouvelle condensation du mercure annonça le continent américain.

L'utilité du thermomètre, considéré comme instrument de marine, ne se borne pas à l'indication des *dangers connus*, elle embrasse aussi ceux dont l'existence est *douteuse ou non révélée jusqu'à ce jour*.

Diverses cartes, et particulièrement celle publiée par Pownall, en septembre 1787, contiennent des écueils fort incertains, des brisans vus une seule fois et portant le nom de ceux qui les avaient explorés. La plupart de ces indications ont été méprisées ; cependant les malheurs, trop nombreux, causés par des dangers imprévus et nouveaux, devraient déterminer tous les marins à observer sans cesse la température de la mer, et à donner, par ce moyen, une sûreté plus grande à leur navigation.

Voici un fait qui se rapporte au sujet que je traite, et que je donne avec confiance, à cause du caractère de la personne de qui je le tiens.

« Dans la traversée des Indes Occidentales en Angleterre, dit ce voyageur, le petit navire sur lequel j'étais, toucha à Bermude. Comme le temps était favorable et la mer tranquille lorsqu'il continua sa route, on longea une chaîne de rochers toujours visibles, quoique la mer les recouvre. Arrivés de cette manière hors de vue de l'île, nous rencontrâmes un gros navire qui se dirigeait en toute confiance sur l'écueil que nous venions d'observer : on l'instruisit de sa position ; tout l'équipage se précipita sur le pont, et fit, au milieu d'angoisses mortelles, tout ce qui était nécessaire pour éviter sa perte ; il y réussit. Le capitaine, instruit de sa vraie longitude, prit un nouveau point de départ. » Combien l'erreur de ce capitaine eût été funeste, si le vent se fût opposé aux manœuvres salutaires que l'on exécuta ! Avouons qu'il n'en aurait vraisemblablement pas commis , s'il eût tenu un journal thermométrique........ Tout le monde se ressouvient de la catastrophe du navire *le fidèle Stewart* , perdu il y a sept ans sur cette côte , avec cinq cents hommes qui étaient à bord. Le capitaine croyait avoir assez d'eau, et ne fit pas sonder. Quoique le temps ne fût pas orageux, et quand même sa position lui eût été parfaitement connue, il était de la prudence de se tenir au large pendant la nuit. Ces précautions si importantes furent négligées, le navire toucha toutes voiles dehors, et s'abîma en un instant ; il n'y eut pas trente hommes de sauvés. Un thermomètre, régulièrement observé, aurait donné l'alarme à temps, et personne probablement n'eût perdu la vie.

De tels malheurs me causent des impressions si douloureuses, que j'ai cru devoir entrer dans tous les développemens qu'on vient de lire. C'est avec empressement que je rends justice à l'exemple donné par le capitaine Billings aux autres capitaines. Je désire que la conduite de cet habile navigateur soit connue, et qu'il trouve, dans une réputation à laquelle il a tant de droits, la récompense de ses honorables travaux.

Je suis, etc.

JONATHAN WILLIAMS.

*Journal Thermométrique, dans le passage de Phila-
delphie à Oporto, sur le navire l'Apollon, par le
capitaine Billings.*

Dates. 1791.	Epoques.	Places à midi.			Température de	
		Latit. N.		Long. O.		l'Air.	l'Eau.

Dates. 1791.	Epoques.	Latit. N.		Long. O.		l'Air.	l'Eau.
Juin 6	Lever du soleil.	38	56	75	7		61
	2 h. après-midi.	38	38	74	28		66
	Coucher du soleil.					65	66
8	10 h. du matin.						70
	Midi.	37	18	72	34	75	72
10	Midi.	38	3	68	49	73	77
11	Midi.	38	51	65	57	66	75
12	Midi.	39	2	63	22	71	71
14	Midi.	39	11	56	48		62
15	Midi.	39	37	53	43	71	65
Juillet 2	Midi.	40	16	15	34	68	65
3	Midi.	40	5	13	23	68	64
4	Midi.	40	28	11	13	68	63
5	2 h. après midi.					68	68
	7 h. après midi.						60
	8 h. avant midi.						57
	Midi.						55

Notes du journal du capitaine Billings.

6 juin. Au large du cap Henlopen.

Nota. Le thermomètre est d'après Fahrenheit,
la longitude Ouest de Londres. Les jours sont
comptés à partir du passage du soleil au méridien.

8 juin. Dix heures du matin. La température
de l'eau varie pour la première fois depuis que
nous avons quitté la côte ; nous devons entrer
dans le Gulf-Stream. Notre marche n'est pas

perpendiculaire au courant, nous suivons une diagonale extrêmement oblique.

10 *juin*. Midi. Je suppose que nous sommes au milieu du Gulf-Stream.

14 *juin*. Midi. Le mercure s'abaisse de 9 degrés. Je l'attribue aux bancs de Terre-Neuve. Ces bancs sont à-peu-près au Nord de nous.

Du 15 juin au 2 juillet les variations de la température de la mer n'ont jamais dépassé 2 degrés, et ne méritentpas, par conséquent, d'être prises en note.

4 *juillet*. L'eau a changé de couleur.

5 *juillet*. Sept heures du soir. La terre est en vue, mais fréquemment obscurcie par le brouillard.

6 *juillet*. Huit heures du matin. La terre est à 6 lieues. A midi, la haute terre de Barganea Nova est à 2 lieues.

Journal Thermométrique de la Température de l'Atmosphère et de la Mer, dans le passage d'Oporto à Philadelphie, sur le navire l'Apollon, commandé par le capitaine *Williams Billings*.

Dates. 1791.	Temps ou heures.	Observations faites à midi.				Température de	
		Latit. N.		Long. O.		l'Air.	l'Eau.
Août 4	10 h. avant midi.						57
	Midi.	41	7	9	4		60
5	Id.	40	39	13	6	69	61
6	8 h. avant midi.					69	65
	Midi.	40	35	17	6	69	67
7	10 h. après midi.	40	29	20	24	68	68
8	Midi.	40	24	22	01	69	68
9	Id.	41	0	22	49	68	68
10	Id.	40	13	22	39	68	68
11	Id.	38	42	24	02	69	71
	10 h. après midi.						70
	Minuit.						69
12	Midi.	37	57	24	55	72	70
14	Id.	38	45	27	7	73	71
15	2 h. après midi.					72	70
	Coucher du soleil.					72	69
	Lever du soleil.						68
16	2 h. après midi.	38	24	27	51	73	70
	Coucher du soleil.						69
	10 h. après midi.						68
	Minuit.						69
	Midi.	37	53	27	20	73	71
17	10 h. après midi.					70	72
	Midi.	37	7	27	39		73
18	Id.	36	36	28	44		73
19	Id.	36	9	31	39		73
20	Id.	36	26	34	31	74	75
21	10 h. après midi.					74	74
	10 h. avant midi.						70
	Midi.						69
22	Id.	38	24	36	48		69
23	Id.	38	43	38	49	74	73
24	10 h. après midi.	38	43	38	49	74	73
	Midi.	38	44	41	32		71
25	Id.	39	04	44	17		75
26	Id.	38	56	46	44		75
27	Id.	38	12	50	10		70
28	Id.	37	02	51	28		75
29	Id.	38	8	52	31	74	74
30	Id.	37	47	53	20	74	75
31	10 h. après midi.					72	70
	Midi.	39	20	53	20		69
Sept. 1	Id.	40	41	54	7	71	74
2	Minuit.					72	71

(Suite du Tableau précédent.)

Date. 1791	Heures.	Observations faites à midi.		Température de	
		Latit. N.	Long. O	l'Air.	l'Eau.
Sept. 2	Midi.	40 5?	55 26	70	72
3	Minuit.				71
	Midi.	40 56	57 51	70	73
4	Id.	39 10	59 18	74	74
5	Id.	39 17	61 11	74	76
6	Minuit.				77
	Midi.	40 6	63 20	74	78
7	Id.	40 36	66 3		75
8	Id.	40 01	67 23	73	77
9	10 h. après midi.			71	78
	Minuit.				72
	4 h. avant midi.				71
	Midi.	39 29	71 17		73
10	Id.	39 19	72 8	73	73
11	Id.	39 4	72 33	74	75
12	Id.	38 57	73 21	74	74
13	Id.	38 53	72 31	74	75
14	Id.	39 21	73 31	75	73
15	6 h. après midi.			74	69
	8 h. avant midi.				68

Notes du journal du capitaine Billings.

4 *août.* Dix heures du matin. Le port que nous venons de quitter est à 7 lieues de distance dans l'E. S. E.

10 *août.* Notre latitude est, à un demi degré près, celle des cinq jours précédens. Il y a eu peu ou point de changement dans la température de la mer.

11 *août.* Midi. A un degré et demi plus au Sud, nous trouvons l'eau plus chaude de trois

degrés. A quatre heures après-midi nous reconnaissons l'île Saint-Michel à 4 lieues de distance. On vire de bord. A cinq heures du matin on met le cap au Sud.

15 *août*. A quatre heures après midi, nous reconnaissons l'île de Tercère.

16 *août*. Au lever du soleil. Nous sommes près de Tercère ; Saint-George et Pico sont en vue. A dix heures du soir nous sommes près de Saint-George.

17 *août*. Midi. La terre n'est plus en vue.

6 *septembre*. Minuit. L'élévation du mercure annonce le Gulf-Stream.

9 *septembre*. Dix heures du soir. La chute du mercure annonce le bord Ouest du Gulf-Stream.

15 *septembre*. Huit heures du matin. 15 brasses d'eau.

INSTRUCTIONS

*Pour l'emploi du Thermomètre en navigation,
suivies de remarques diverses.*

Il faut, crainte d'accidens, se munir de trois
thermomètres au moins. Plusieurs jours avant
de se mettre en mer, on doit les observer com-
parativement entre eux, pour s'assurer de leur
conformité. Ayez soin que leur table soit de
métal ou d'ivoire ; le bois se gonfle en mer, et
le verre, qui ne cède pas à la pression, est plus
en danger d'être brisé : le mélange dont on fait
les cloches vaut mieux que toute autre matière.
La case de l'instrument doit être de métal et de
forme rectangulaire, et coupée de telle sorte,
que le degré 30 s'aperçoive sans que l'extrémité
du tube soit hors de l'eau. Deux ou trois ba-
guettes perpendiculaires à la longueur de la
table, servent à parer beaucoup de chocs nui-
sibles.

Une fois à bord, il faut choisir, sur le pont,
un endroit bien sec, à l'abri du soleil, où l'air
circule librement, et y fixer un de ses thermomètres.

Le second thermomètre doit être attaché à

10

une ligne de longueur convenable ; c'est celui là que l'on plonge dans les eaux du sillage. Le troisième instrument est mis en réserve, et remplace, au besoin, celui des deux autres qui reçoit quelque échec.

Au moment de commencer les observations, assurez-vous, près du premier thermomètre, de l'état de l'air ; jetez ensuite l'autre à la mer, par une fenêtre de la chambre ; qu'il y reste deux ou trois minutes : lorsque vous le retirez, regardez, sans le moindre retard, et avant que la base ne soit sortie de l'eau, le degré où il s'est fixé : l'humidité et l'action du vent font promptement baisser le mercure. Faites-vous vos observations de nuit, n'approchez pas la chandelle de l'instrument, laissez-la dans la lanterne ; détournez votre respiration ; que vos mains ne soient jamais en contact avec le verre ; la chaleur que vous communiqueriez causerait une évaporation capable de rompre le thermomètre.

Il faut s'attacher à faire ses expériences de la manière la plus uniforme, conserver toujours la même place, ne jamais changer de seau, ou du moins s'assurer que celui dont on va se servir n'a pas contenu d'eau chaude ; il est prudent de le tenir plongé quelque temps dans la mer.

Donnez aussi une attention constante à la

température de l'air; elle diffère très-peu, dans les temps calmes, de celle de la superficie de la mer.

Si vous vous apercevez, au milieu d'une mer libre, d'une faible altération dans la température de l'eau, et que vous ne puissiez l'attribuer aux changemens de latitude ou de temps, soupçonnez alors l'existence d'un courant : ce courant vient du Nord ou du Sud, selon qu'il est froid ou chaud; reconnaissez, autant que possible, les circonstances qui lui sont particulières.

Comparez de temps en temps les observations que vous venez de faire avec celles qui sont déjà consignées dans votre journal. Si, pour une position semblable, elles n'offraient pas l'accord auquel vous vous seriez attendu, recommencez votre opération, et assurez-vous que vous n'avez pas commis d'erreur.

Côtes d'Europe.

Entre l'Angleterre et l'embouchure du Tage l'eau est de 3 degrés plus froide dans les sondes qu'en pleine mer. La côte pénètre dans l'Océan par une pente presque insensible, de sorte que l'on est encore très-éloigné de terre lorsque le mercure commence à annoncer la présence du fond. Son altération serait probablement plus prompte et plus décisive à l'approche des rochers de Scilly, de la côte Ouest de l'Irlande, d'Orkney, etc.

Côtes de l'Amérique septentrionale.

L'eau, au bord du grand Banc, est de 5 degrés plus froide que la mer profonde qui est à l'Est. La différence est 15 degrés relativement à la partie la plus haute du grand Banc.

Depuis le grand banc de Terre-Neuve jusqu'à la Nouvelle Écosse, on passe sur des bancs intermédiaires, qui sont à une plus grande profondeur : la température de la mer s'élève alors de 6 degrés. Ces bancs dépassés, le mercure monte plus haut encore, mais finit par éprouver une chute bien marquée lorsqu'on atteint de nouveau les sondes.

Il y a maintenant une observation importante à faire. L'île de Sable est un petit banc qui s'élève au-dessus de la mer ; frappée directement par les rayons du soleil, elle communique beaucoup de chaleur à l'eau qui l'environne : le thermomètre, à son approche, ne devra pas éprouver les influences accoutumées. Privé de ces avertissemens salutaires, le navigateur trop confiant sera peut-être compromis........ Dans ce cas, il est prudent de se servir de la sonde. Les latitudes, d'ailleurs, que l'on obtient avec tant de facilité et d'exactitude, suffisent pour parer à un semblable danger.

Au cap Cod (Nouvelle Angleterre), l'eau est plus froide de 8 ou 10 degrés que hors des sondes; sa température, lorsqu'on atteint ensuite le courant, s'élève encore de 8 degrés. Par conséquent, en venant de l'Est, 8 degrés de chaleur de moins indiquent la sortie du courant, et une diminution semblable répétée prouve que l'on est dans les sondes.

De même, lorsqu'on approche de la côte qui joint le cap Henri au cap Henlopen, le mercure descend d'abord de 6 degrés lorsque l'on sort du courant, et ensuite de 5, lorsque le fond peut être reconnu.

Je me borne aux faits que je viens de spécifier, parce qu'ils sont le fruit de ma propre expérience. Il a été publié, depuis peu de temps, un excellent ouvrage intitulé : *Température des différentes latitudes.* Richard Kirvan, qui en est l'auteur, jouit de beaucoup de réputation en Angleterre. Je ne veux pas donner des extraits de son livre, parce qu'il mérite d'être lu tout entier.

Courans.

L'atmosphère n'étant pas liée à la surface du globe d'une manière fixe, ne doit pas participer intimement à tous ses mouvemens; la révolution diurne de la terre tend naturellement à donner à l'air un cours apparent vers l'Ouest. Cela est plus sensible près de l'équateur que sous les parallèles éloignés, parce que les cercles de rotation sont plus grands, et les causes de la variation des vents moins énergiques que dans les latitudes froides et tempérées. C'est là aussi que l'air, raréfié par un soleil vertical, s'élève constamment, et entretient, par le mouvement des parties adjacentes de l'atmosphère, des vents continuels, attirés de l'un et l'autre pôle. Celui qui vient du Midi (le fait est connu de tous les navigateurs) est formé par une brise du Sud et une brise de l'Est; celui du Nord, par des brises de l'Est et du Nord; cependant il est plus ordinaire qu'ils partent des points intermédiaires entre l'Est et le Sud, entre le Nord et l'Est. Les eaux de la mer, comme l'a observé le docteur Franklin, poussées d'abord par ces vents dans le golfe de la Floride, cherchent une issue autour du cap et à travers les îles de Bahama, et produisent enfin le Gulf-Stream.

L'Océan doit remplacer sans cesse par des eaux nouvelles celles qui lui sont enlevées de cette manière, et que reçoit le golfe de la Floride. Les faits ne manquent pas à cette théorie : ce sont, entre autres, les courans méridionaux reconnus par Erasme Gower, par le capitaine Mackintosh et autres.

Je ne négligerai point ici de parler du courant constant de la Méditerranée. Pourquoi, peut-on demander d'abord, cette mer est-elle privée de reflux, tandis que le golfe de la Floride n'en est pas exempt? Ce phénomène s'explique naturellement par les considérations suivantes.

La Méditerranée est, à cause de son climat, sujette à des évaporations considérables que ses vents dominans, soumis au système général développé plus haut, portent aux hautes terres de l'Afrique, où elles occasionnent des saisons extraordinairement pluvieuses, après quoi elles vont se perdre dans d'autres mers : En effet, le Nil est, du côté méridional, le seul fleuve qui les ramène à leur foyer primitif. Les évaporations occasionnellement portées au Sud et à l'Est, sont recueillies par des rivières aboutissant au golfe Persique ou à la Mer Rouge. Les eaux plus abondantes qui se répandent sur les bords septentrionaux de la Méditerranée, ne font que réparer la déperdition éprouvée par ses golfes et ses baies : c'est aussi le cas de la Mer Noire et de l'Archipel.

La Méditerranée, par conséquent, ne peut se maintenir de niveau avec l'Océan qu'autant qu'il supplée par ses eaux à celles qu'elle a perdues : de là vient le courant que l'Atlantique y fait affluer sans cesse. Au contraire, le golfe de la Floride reçoit, par le Mississipi et d'autres fleuves, une quantité d'eau si considérable, que non-seulement ses pertes sont réparées, mais que ses courans acquièrent une force plus grande.

Je ne crois pas qu'il soit nécessaire de dire ce que c'est qu'une remole ; l'on doit en avoir une idée exacte, pour peu que l'on ait suivi le cours d'une rivière ou observé les effets de la marée. Il n'est plus permis de mettre en doute celles du Gulf-Stream après les observations du capitaine Truxton, et lorsqu'on a tant d'exemples de navigateurs trompés sur leur vraie position, faute d'en avoir su apprécier l'influence. Dès que le Gulf-Stream a dépassé les bancs de Terre-Neuve, aucun obstacle ne s'opposant alors à sa course, il se porte vers les points qui le sollicitent le plus par l'inégalité de leurs niveaux. Nous avons déjà vu qu'il existait un courant constant dans la direction des îles de l'Ouest

aux Canaries. Pourquoi les eaux du Nord et de
l'Ouest ne seraient-elles pas invitées à remplacer
celles que ce courant entraîne ? Ne peut-on pas
admettre que le Gulf-Stream est attiré de ce
côté et vient y perdre son nom ainsi que la
chaleur qui le caractérisait avant? Dans ce cas,
le détour qui le ramène au milieu des eaux
méridionales, peut être reconnu à sa température plus froide, jusqu'à ce que l'équilibre de la
chaleur soit rétabli.

Les courans que je viens de décrire terminent vraisemblablement leur longue course aux
îles des Indes occidentales, et les eaux qu'ils
ont apportées alimentent de nouveau le Gulf-
Stream, lorsque le golfe de la Floride se dé-
gorge.

On ne saurait croire combien il est avanta-
geux de savoir distinguer le Gulf-Stream au milieu des mers adjacentes, et d'être instruit,
outre cela, de la distance à garder avec la côte.
La traversée d'Halifax à la Géorgie passe pour
être plus longue qu'un voyage en Europe ; on
peut cependant l'abréger considérablement avec
un petit bâtiment, si l'on sait profiter des circonstances locales. Supposons, en effet, qu'il
s'agisse de l'entreprendre : mettez-vous à louvoyer entre le courant et les sondes de la côte, le

thermomètre donne ces limites avec précision ;
le contre-courant qui soutient vos manœuvres
vous fait certainement avancer beaucoup plus
vers le but que si vous en eussiez été privé.
Faites-vous, au contraire, votre retour à Halifax,
gagnez alors le milieu du courant ; son action
est tout à votre avantage.

Voici encore un fait propre à montrer l'utilité des courans. En juin dernier, le paquebot
qui porte les dépêches de New-Yorck à Char-
leston, mit trente-cinq jours à s'y rendre,
tandis qu'il en revint en sept. Le capitaine attri-
buait la lenteur du premier passage aux calmes,
aux vents trop faibles qu'il avait éprouvés,
enfin à quelque courant contraire. Cette dernière cause était la véritable. Il avait, dans l'un
et l'autre cas, navigué au milieu du Gulf-
Stream, mais la direction du courant n'avait
favorisé que son retour. Si ce capitaine eût
connu l'emploi du thermomètre, ses deux tra-
versées n'eussent pas été plus longues l'une
que l'autre.

C'est en temps de guerre surtout qu'il devient important de connaître les ressources de
la navigation de nos côtes. Ce qui nuit à un
ennemi inexpérimenté nous devient alors avan-
tageux. La sûreté avec laquelle nous appro-

chons la terre, et notre habileté à profiter des courans, favorisent les attaques, les retraites, et nous permettent toujours de porter des secours d'une extrémité à l'autre de notre territoire.

Signé JONATHAN WILLIAMS.

~~~~~~

NOTES.

———

A. *Extrait des remarques du capitaine Truxton ; instructions, exemples.*

« Il est possible, dit le capitaine Truxton, de constater aussi la direction et la vîtesse du courant qui passe dans le golfe de la Floride. J'ai fait cette expérience au moyen d'un canot mouillé pendant un calme et en me servant du log. La méthode pour ancrer le canot est de le laisser suspendu à un pot de fer, de dix-huit à vingt-cinq pouces de diamètre, attaché à une corde longue de 150 à 200 brasses. J'ai reconnu de cette manière, qu'au Nord du cap Hattéras, le Gulf-Stream a une vîtesse qui varie depuis un nœud jusqu'à deux nœuds et demi par heure. Au Sud et à l'Ouest du cap Hattéras, sa rapidité augmente beaucoup ; le détroit entre Bahama et la Floride est le point où elle est la plus grande. Ces opérations m'ont servi en même temps à déterminer sa largeur. Je n'ai pas négligé d'ailleurs, en le passant et repassant, et lorsque j'en avais l'opportunité,
~~~~~~

les observations astronomiques propres à vérifier mes premiers résultats. La température de la mer a dû fixer aussi mon attention ; conformément aux instructions du docteur Franklin, je l'ai comparée à la température de l'air. Elles diffèrent généralement très-peu hors du courant ; quelquefois l'air est plus chaud de un ou deux degrés, dans d'autres momens c'est l'eau. »

» Dans le courant, l'eau est toujours beaucoup plus chaude que l'air; j'ai trouvé jusqu'à 10 degrés de différence entre leurs températures. Une fois hors du courant, cette relation change à l'avantage de l'air ; l'eau est plus froide à mesure qu'on approche des côtes. Les marins qui sont dans le cas de ne pouvoir faire des observations astronomiques, n'ont qu'à se munir d'un thermomètre et l'interroger souvent, il leur indiquera l'arrivée et le passage dans le Gulf-Stream, et enfin leur sortie des eaux de ce courant. Toutes les fois que j'ai tenu la mer, je n'ai jamais manqué de comparer plusieurs fois par jour la température de l'eau à la température de l'air. Cette pratique m'a toujours fait reconnaître la présence des courans : je déterminais ensuite leur largeur et leur direction par l'observation de la latitude et de la longitude. Le passage en Europe, ou le retour, sont plus ou moins prompts en raison de la connaissance qu'on a du Gulf-Stream. En effet, si l'on se porte à l'Est, il accélère la marche du navire ; se dirige-t-on vers l'Ouest, l'habileté à l'éviter épargne de longs retards. Il m'est arrivé souvent, dans cette dernière traversée, de hêler des vaisseaux européens au large de Terre-Neuve, et d'être arrivé long-temps avant eux au port, parce qu'ils ignoraient l'obstacle que leur présentait le courant, et que moi j'avais su l'éviter. Je conseille à ceux qui se rendent du Nord de l'Europe en Amérique, de se tenir toujours à douze ou quinze lieues du Gulf-Stream ; alors ils pourront même être assistés par un contre-courant. En venant du Sud il faut, autant que le vent le permet, tenir le cap au N. O., jusqu'à ce qu'on l'ait atteint : cette manœuvre ne présente aucune incertitude, si l'on suit exactement les variations de la température de la mer. Lorsque j'ai dû traverser le Gulf-Stream, je n'ai jamais manqué de faire toute la diligence possible, dans la crainte de rencontrer des calmes ou des vents contraires, et d'être jeté loin de ma route ; ce qui entraîne, en hiver surtout, une perte de temps considérable.

B. *Extrait de la relation d'une ambassade en Chine, par Sir George Staunton. Vol. I, page 88 de l'édition anglaise, et page 31 de l'édition américaine.*

« Selon Sir Erasme Gower, les vaisseaux qui partent de l'Europe et se rendent à Madère, sont soumis à l'influence d'un courant qui vient de la partie occidentale de l'Océan, se porte d'abord dans la baie formée par Ushant et le cap Finistère, et ensuite dans la Méditerranée. Ce courant est dirigé vers le S. E. ; la quantité dont il incline de ce côté est d'environ 11 milles sur 50 lieues : voilà du moins ce dont Sir Gower croit s'être assuré après cinq voyages consécutifs à Madère. »

C. *Extrait de la relation de Staunton. Vol. I, édition anglaise, page 88 ; édition américaine, page 45.*

« Sir George Gower s'est assuré qu'un courant, dirigé vers le Sud, et d'un mille par heure, occupe 22 milles de la distance qui sépare Madère de Ténériffe.

» Le capitaine Mackintosh d'Hindoston a reconnu, dans vingt voyages différens, un courant depuis 39° de lat. jusqu'à la hauteur de Madère. Il résulte de ses observations répétées, que ce courant incline de 3 degrés 50 minutes à l'E. S. E. C'est lorsque l'on se présente pour entrer dans le détroit de Gibraltar qu'il présente la résistance la plus forte; sa vitesse doit être de 40 milles par jour. La direction de ce courant devient plus Sud, à mesure qu'il approche des Canaries. Il va battre les côtes de Barbarie, et se divise, proche le cap Bajador, en deux branches opposées dans leurs cours : l'une tourne au Nord vers la Méditerranée, l'autre se porte vers l'équateur en suivant la côte. »

D. *Extrait des tables de température de Kirwan.*

« C'est par l'action des vents que la chaleur ou le froid d'une contrée sont transmis à une autre. L'on conçoit aisément pourquoi un air froid se précipite vers un air chaud; le phénomène contraire présente plus de difficultés. Je crois en avoir saisi les causes principales, et vais les expliquer; je souhaite cependant que d'autres observateurs en présentent de plus satisfaisantes.

» 1°. Si un vent de Nord très-violent do-

mine dans la direction du méridien opposé à
celui de Londres, au Tschutschi, par exemple,
vers l'extrémité est de l'Asie, l'air porté au
Sud doit être remplacé par celui qui siége au
pôle septentrional, et l'air de ce pôle par celui
qui vient du Midi.

» 2°. Si, dans les régions supérieures de l'atmosphère, deux courans d'air suivent, comme
on en voit des exemples, des directions opposées,
l'air inférieur, moins pressé, acquiert une lé-
gèreté plus grande; il peut arriver alors que les
courans supérieurs prennent la place des autres, et qu'un changement de vent se manifeste à la surface de la terre.

» 3°. Je conçois, enfin, que, lorsque des vents
de l'Est et de l'Ouest, de force inégale, se ren-
contrent, l'un d'eux peut être refoulé vers le
Nord.

» Il y a des parties du globe plus propres que
d'autres à recevoir et à communiquer la chaleur.
Les montagnes élevées, approchant davantage
des sources du froid, doivent être plus froides
que les terrains bas; et les contrées couvertes de
forêts seront moins chaudes, à latitude égale,
que les terres ouvertes, parce que les rayons du
soleil y pénètrent difficilement, que la neige s'y
amoncelle et s'y conserve plus longtemps qu'ailleurs; enfin parce que leur surface a beaucoup

plus d'issues évaporantes. La variété infinie des situations s'oppose à ce qu'on obtienne sur les continens des résultats uniformes de température ; c'est sur la mer seulement qu'il est permis de les attendre.

» Les eaux éparses sur la superficie de notre globe se divisent naturellement en deux masses principales : l'Océan atlantique et l'Océan pacifique. Le premier sépare l'Europe de l'Amérique ; le second, l'Amérique de l'Asie. Ils s'étendent l'un et l'autre jusqu'aux pôles, et sont appuyés au Nord comme au Midi sur l'équateur. Or, j'ai choisi, pour le lieu de mes observations, la partie de l'Atlantique qui s'étend depuis le 45e. parallèle Sud, jusqu'au 80e. parallèle Nord, entre la côte de l'Amérique et le bord extérieur du Gulf-Stream, et la partie de l'Océan pacifique comprise par le 40e. parallèle Sud et le 45e. Nord, depuis le 200e. jusqu'au 275e. degré de long. E. de Londres. C'est dans ces espaces réguliers, et cependant soumis aux causes les plus constantes d'altération, que l'on trouvera la température moyenne que j'ai consignée dans les tables suivantes. J'y ai ajouté, pour l'hémisphère septentrional seulement, les températures moyennes depuis le 80e. parallèle jusqu'au pôle.

(163)

TABLEAU *de la Température moyenne de chaque Latitude pendant l'année.*

Latit.	Temp.	Latit.	Temp.	Latit.	Temp.
90	31,	61	43,5	32	69,1
89	31,04	60	44,3	31	69,9
88	31,10	59	45,09	30	70,7
87	31,14	58	45,8	29	71,5
86	31,2	57	46,7	28	72,3
85	31,4	56	47,5	27	72,8
84	31,5	55	48,4	26	73,8
83	31,7	54	49,2	25	74,5
82	32	53	50,2	24	75,4
81	32,2	52	51,1	23	75,9
80	32,6	51	52,4	22	76,5
79	32,9	50	52,9	21	77,2
78	33,2	49	53,8	20	77,8
77	33,7	48	54,7	19	78,3
76	34,1	47	55,6	18	79,9
75	34,5	46	56,4	17	79,4
74	35	45	57,5	16	70,9
73	35,5	44	58,4	15	80,4
72	36	43	59,4	14	8 ,8
71	36,6	42	60,3	13	81,3
70	37,2	41	61,2	12	81,7
69	37,8	40	62	11	82
68	38,4	39	63	10	82,3
67	39,1	38	63,9	9	82,7
66	39,7	37	64,8	8	82,9
65	40,4	36	65,7	7	83,2
64	41,2	35	66,6	6	83,4
63	41,9	34	67,4	5	83,6
62	42,7	33	68,3	0	84

» Ce tableau donne lieu aux remarques suivantes :

« *Premièrement.* Depuis le 80e. degré de latitude jusqu'aux pôles, la température n'offre que de légères différences. La même observa-

11*

tion s'applique à l'intervalle qui sépare l'équateur du 10e. parallèle.

» *Deuxièmement.* Entre l'équateur et les pôles ces différences forment une progression plus rapide que les degrés latitudinaux.

» *Troisièmement.* Il est rare qu'il gèle au-dessous du 35e. degré de latitude, à moins que ce ne soit dans des positions élevées ; il est également rare qu'il grêle au-delà du 60e. degré.

» *Quatrièmement.* Entre les 35e. et 60e. parallèles de latitude il ne commence à dégeler que lorsque le soleil est élevé de 40 degrés ; il n'y gèle guère que lorsqu'il est plus bas.

» Sous chaque latitude la température du mois d'avril est, approchant, la température moyenne de l'année ; et, aussi loin que la chaleur dépend de l'action des rayons solaires, la température moyenne de chaque mois correspond à la hauteur moyenne du soleil, ou plutôt au terme moyen du nombre de jours de soleil.

» Il résulte de là que la température moyenne d'avril étant donnée, ainsi que le nombre de jours de soleil, la température moyenne de mai se trouve par cette analogie : le nombre de jours de soleil, en avril, est à la température moyenne d'avril comme le nombre de jours de soleil, en mai, est à la température moyenne de mai. On obtient de la même manière la température des mois de juin, juillet et août. Cette règle, cependant, donne pour les mois suivans des résultats trop faibles, parce qu'elle ne comprend pas la chaleur communiquée à l'atmosphère par la chaleur propre de la terre. La température réelle de ces mois doit être considérée comme un moyen arithmétique entre la chaleur astronomique et la chaleur terrestre. Ainsi, par $51°$ de lat., la chaleur astronomique du mois de septembre est de $44°\ 46'$, la moyenne chaleur annuelle est $52°\ 4'$; donc la chaleur réelle et moyenne de ce mois doit être égale à $\dfrac{44,\ 6 + 52,\ 4}{2} = 48,\ 4$, ce qui est conforme à l'observation.

» A la rigueur, ce n'est pas assez que de prendre en considération le nombre de jours de soleil, il faut aussi avoir égard au temps que cet astre reste sur l'horizon. Plusieurs circonstances n'ont pas été omises par M. de Maizan, que moi j'ai été forcé de négliger, parce qu'elles étaient trop rebelles au calcul. Il y en a qui échappent à toute estimation : le froid produit par l'évaporation, par exemple. C'est pourquoi il faudrait, par compensation, ne pas tenir compte de quelques causes productives de la chaleur. Celles-ci éliminées, les résultats du calcul approchent beaucoup de la température réelle; mais il y a encore, malgré cela une différence trop grande. En effet , on trouve de cette manière , pour la température de juin , par 51 degrés de latitude , 70 degrés, tandis que, de fait , elle est seulement de 63 degrés à Londres , et de 66 degrés à Paris , par 48° 50′ de lat. J'ai recommencé plusieurs fois mes opérations , et n'ai pas approché davantage des quantités fournies par l'observation. Les tables suivantes ne sont donc pas une suite de faits obtenus par l'application d'un principe fixe et général : on doit les considérer comme une réunion de faits résultant des principes et de l'observation ensemble.

» Ces tables peuvent servir :

» *Premièrement*. A trouver la température de la première et dernière moitié de chaque mois. La température moyenne de deux mois consécutifs s'obtiendra en prenant un terme moyen entre la température de la dernière quinzaine du premier mois et la température de la première quinzaine du second.

» *Deuxièmement*. A trouver les plus grands froids ou les plus grandes chaleurs d'un mois quelconque. Il faut, pour cela, prendre la différence entre la température annuelle et la température du mois proposé, et l'ajouter à celle-ci ; cette opération donne la température du jour le plus chaud du mois. Si l'on retranche

la différence, on a le jour le plus froid (j'en-
tends par jour, un espace de temps de vingt-
quatre heures). Ainsi, à Londres, la température
annuelle étant 52 degrés, et celle de janvier
36 degrés, la différence 16, ajoutée ou retran-
chée, donne pour le jour le plus chaud de janvier, 52 degrés; pour le plus froid, 20 degrés.

» Par toutes les latitudes, le moment le plus
froid du jour est une heure et demie avant le
lever du soleil. La plus grande chaleur entre
les 45e. et 60e. parallèles est vers deux heures
et demie après-midi. Entre les 45e. et 35e. parallèles, à deux heures; entre les 35e. et 25e.,
à une heure passée ; entre le 25e. parallèle et
l'équateur, à une heure.

» La différence entre la température du jour
et la température de la nuit est moins sensible
en mer qu'à terre, et particulièrement sous les
basses latitudes.

» Le milieu de janvier est, dans tous les climats, le moment où la mer est la plus froide,
le mois de juillet celui où elle est la plus
chaude. Ces deux époques devraient être la fin
de décembre et la fin de juin. Le temps nécessaire à la transmission de la chaleur des rayons
solaires occasionne ici un retard que l'on retrouve aussi entre l'attraction lunaire et les
marées. »

Tableau *suivant l'ordre des mois de la Température moyenne de l'espace compris entre le 80° et le 10° Parallèle de Latitude.*

LATITUDE.	80°	79°	78°	77°	76°	75°	74°	73°	72°	71°	70°	69°	68°	67°	66°	65°	64°	63°
Janvier	22	22.5	23	23.5	24	24.5	25	25.5	26	26.5	27	27.5	27.5	28	28	28	29	30
Février	23	23	23.5	24	24.5	25	25.5	26	26.5	27	27.5	28	28	28.5	29	30	31	32
Mars	27	27.5	28	28.5	29	29.5	30.0	30.5	31	31.5	32	32.5	33	33.5	34	35	36	37
Avril	32.6	32.9	33.2	33.7	34.1	34.5	35	35.5	36	36.5	37.2	37.8	38.4	39.1	39.7	40.4	41.2	41.9
Mai	36.5	36.5	37	37.5	38	38.5	39	39.5	40	40.5	41	41.5	42	42.5	43	44	45	46
Juin	51	51	51.5	52	52	52	52.5	53	53.5	54	54	54.5	54.5	54.5	55	55	55.5	55.5
Juillet	50	50	50.5	51	51	51	51.5	52	52.5	53	53.5	53.5	53.5	54	54.5	54.5	55	55
Août	39.5	40	41	41.5	42	42.5	43	43.5	44	44.5	45	45.5	46	47	48	48.5	49	50
Septembre	33.5	34	34.5	35	35.5	36	36.5	37	38	38.5	39	39.5	40	41	42	43	44	45
Octobre	28.5	29	29.5	30	30.5	31	31.5	32	32.5	33	33.5	34	34	35	36	37	37.5	38
Novembre	23	23.5	24	24.5	25	25.5	26	26.5	27	27.5	28	28.5	29	30	31	32	32.5	33
Décembre	22.5	23	23.5	24	24.5	25	25.5	26	26.5	27	27.5	28	28	29	30	30.5	31	31

LATITUDE.	62°	61°	60°	59°	58°	57°	56°	55°	54°	53°	52°	51°	50°	49°	48°	47°	46°
Janvier	31	32	33	34	35	36	37	38	39	40	41	42	42.5	42.5	43	43.5	44
Février	33	34	35	36	37	38	39	40	41	42	43	44	44.5	44.5	45	45.5	46
Mars	38	39	40	41	42	43	44	45	46	48	49	50	50.5	51	52.5	53	53.5
Avril	42.7	43.5	44.3	45.9	45.8	46.7	47.5	48.4	49.2	50.2	51.1	52.4	52.6	53.8	54.7	55.6	56.4
Mai	47	48	49	50	51	52	53	54	55	56	57	58	58.5	59	60	61	62
Juin	56	56	56	56.5	57	57	57.5	58	58.5	59	59	60	61	62	63	64	65
Juillet	55.5	55.5	56	56.5	57	57.5	58	59	60	61	62	63	63.5	64	65	66	67
Août	51	52	53	54	55	56	57	58	59	60	61	62	63.5	64	65	66	67
Septembre	46	47	48	49	50	51	52	53	54	55	56	57	58.5	59	60	61	62
Octobre	39	40	41	42	43	44	45	46	47	48	49	50	50.5	51	52	53	54
Novembre	34	35	36	37	38	39	40	41	42	43	44.5	46	46.5	47	48	49	50
Décembre	32	33	34	35	36	37	38	39	40	41	42	44	44.5	45	56	47	48

(Suite du Tableau précédent.)

LATITUDE.	45°	44°	43°	42°	41°	40°	39°	38°	37°	36°	35°	34°	33°	32°	31°	30°	29°	28°
Janvier	44,5	45,	45,5	46,	46,5	49,5	51,	52,	53,5	55,	56,5	59,5	63,	63,	63,	63,5	63,5	63,5
Février	46,5	47,	48,	49,	50,	53,	56,5	58,	60,	61,	62.	63,	64,5	66,	67,	68,5	68,5	69,5
Mars	54,5	55,5	56,5	58,5	59,5	60.	60,5	61,	62,	63,	64,	65,	66,5	67,5	68,5	69,5	71.	72,
Avril	57,5	58,4	59,4	60,3	61,2	62,1	63,	63,9	64,8	65,7	66,6	67,4	68,5	69,1	69,9	70,7	71,5	72,3
Mai	63,	64,	65,	66,	97,	68,	69,	70,	70,5	71,	71,5	72,	72,5	73,	73,	73,5	74,5	75,5
Juin	66,	67,	68,	69,	70,	70,5	71,	71,	71,	71,5	71,5	72,	72,5	73,	73,	73,5	74,5	75,5
Juillet	68,	69	69,5	70,	70,	71,	71,	72,	72,	72,5	72,5	72,5	72,5	73,	73,	73,5	74,5	75,5
Août	68,	69,	69,5	70,	70,	71,	71,	72,	72,	72,5	72,5	72,5	72,5	73,	73.	73,5	74,5	75,5
Septembre	63,	64,	66,	68,	69,5	70,5	71,	71,5	72,	72,5	72,5	72,5	72,5	73,	73,	73,5	74,	75,5
Octobre	55,	56,	57,	58,	59,	60,	61,	62,	63,	64,	65,	66,	67,5	68,5	69,5	70,5	71,	72,5
Novembre	51,	52,	53,	54,	55,	56,	57,	58,	59,	60,	61,	62,	63,	64,5	65,5	66,5	68,	69,
Décembre	49.	50,	51,	52,	53,	54,	55,	56,	57,	58.	59.	60.	61,	62,5	63,5	64,5	66,	67,

LATITUDE.	27°	26°	25°	24°	23°	22°	21°	20°	19°	18°	17°	16°	15°	14°	13°	12°	11°	10°
Janvier	64,	64,5	65,5	67,	68,	69,	71,	72,	72,5	73,	73,5	74,	74,5	75,	76,	76,5	77,	77,5
Février	69,5	70,5	71,	62,	72,	72,5	74.	75,	76,	76,5	77,	77,5	78,	78,5	79,	79,5	79,8	80,
Mars	72,5	73,	73,5	74,5	75,	75,5	76,	77.	77,5	78,	78,5	79,	79,5	80,	80,8	81,	81,5	81,8
Avril	72,8	73,8	74,5	75,4	75,9	76,5	77,2	77,8	78,3	78,9	79,1	79,9	80,1	80,8	81,3	81,7	82,	82,3
Mai	76,	76,5	77,5	78,	78,5	79,5	80,	80,5	81,	81,5	82,	82,5	83,	83,	83,5	84,	84,	84,5
Juin	76,	76,5	78,	78,5	79,	79,5	80,	80,5	81,5	82,	82,5	83,	83,5	83,8	84,	84,3	84,6	84,8
Juillet	76,	76,5	78,	78,5	79,	79,5	80,	80,5	81,5	82,	82,5	83,	83,5	83,8	84,	84,3	84,6	84,8
Août	76,	76,5	78,	78,5	79,	79,5	80,	80,5	81,5	82,	82,5	83,	83,5	83,8	84,	84,3	84,6	84,8
Septembre	76,	76,5	77,5	78,	78,5	79,	79,5	80,	81,	81,5	82,	82,5	83,	83.	83,5	84,	84,3	84,6
Octobre	72,5	73,	73,5	74,5	75,	75,5	77,	78,	79,	80,	81,	81,5	82,	82,5	83.	83,5	83,8	84,
Novembre	69,5	71,5	72.	73,5	74.	74,5	75,	75,5	76,	77.	78,	78,5	79,	79,5	80,	80,5	80,8	81.
Décembre	67,5	68,5	69,5	70,5	71,	71,5	72,	72,5	73,	74.	75.	75,5	76,	76,5	77,	77,5	78.	78,

Température de la Mer.

Lat. N.		Chaleur à la surface.		Profondeur.		Chaleur.
70°	— 12 mai. —	36°	—	502 pieds.	—	39°
..	— 17 .. —	37	—	540	—	39
..	— 9 juin. —	44	—	558	—	40
..	— 7 juillet.—	46	—	420	—	44
68	— 8 .. —	47	—	1360	—	52
65	— 9 .. —	48	—	1280	—	48
..	— 10 .. —	52	—	846	—	45
27.	— 3 janvier.—	64	—	540	—	58
0	—	84	—	3600 et 5346 }	—	53

Lord Mulgrave, cependant, trouva la température de la mer beaucoup plus froide sous une latitude plus haute et à une plus grande profondeur. Il ne parle pas de la superficie ; il est probable qu'elle ne différait que très-peu de l'air. La mixtion récente de glaces polaires donnerait peut-être la solution d'une partie de ces contradictions ; mais les premières expériences ne demeureraient pas moins dépourvues d'une explication satisfaisante.

Lat. N.		Temp. de l'air.		Profondeur.		Temp. de la mer.
67°	— 20 juin.	— 48° 5'	—	4680 pieds.	—	26°
78	— 30 ..	— 40 5	—	708	—	31
69	— 31 août.	— 59 5	—	4038	—	32

Observations de MM. Wales et Bayley.

Lat. N.		Temp. de l'air.		Surface.		Profon- deur.	Temp. de la mer.
0° ′	— 5 sept. —	75° 5′	—	74°	—	510 p.	— 66°
2 5	— 26 .. —	72 5	—	70	—	480	— 70
3 44	— 11 octob. —	66 5	—	59	—	600	— 57

Ovservations de M. Bladh.

Lat.		Temp. de l'air.		Surface.		Profon- deur.	Temp. de la mer.	
57° ′	— 8 janv. —	46° ′	—	37° ′	—	6 p.	— 40° ′	
..	— 10 .. —	43 6	—	43 6	—	50	— 43	6
55 40	— 20 .. —	47	—	40	—	110	— 51	5
39 30	— 28 .. —	53	—	59	—	110	— 59	
2 55	— 25 fév. —	81	—	81	—	58	— 81	
2 50	— 26 .. —	83	—	84 5	—	110	— 81	

E.

Il est dit, dans l'extrait précédent, que lord
Mulgrave trouva par le 67ᵉ parallèle, à une
profondeur de 4680 pieds, la température de
l'eau à 26 degrés, 6 degrés au-dessous du point
de congellation. Il y a ici une contradiction
qui n'est qu'apparente. Les rivières ne com-
mencent à se couvrir de glace que lorsque le
thermomètre atteint 32 degrés; mais la mer
offre une résistance plus longue à l'action du
froid : il faut, avant que de pouvoir se con-
geler, que ses eaux se séparent du sel avec lequel elles sont combinées. . . .

Les hypothèses présentées dans l'introduction de cet ouvrage sont une suite de ce principe, que malgré que la glace formée à la surface de la mer soit toujours dépourvue de sel, elle peut devenir salée pourvu que le froid acquière assez d'intensité ; ou, en d'autres termes, il y a sans doute un degré de froid capable de précipiter le sel et de le combiner avec la glace. On sait qu'en 1759, des académiciens de Pétersbourg réduisirent, au moyen d'un mélange de nitre et de neige, le mercure à l'état de solide, et qu'il résista au marteau. Or, y a-t-il un fluide qui entre plus difficilement en congellation que le mercure ? Par conséquent, la conjecture que le fond de la mer soit gelé, fait concevoir l'idée d'une glace beaucoup plus froide que celle qui est produite par nos hivers.

F. *Méthode pour réduire les degrés du thermomètre de Fahrenheit en degrés du thermomètre de Réaumur.*

Le point de congellation de Fahrenheit est à 32 degrés, celui de Réaumur à zéro ; 9 degrés de Fahrenheit en font 4 de Réaumur. Il suit de là que pour passer du thermomètre du premier au thermomètre du second, il faut, du nombre de degrés donnés par son échelle, retrancher les 32 degrés du point de glace, diviser la différence par 9, et multiplier ce quotient par 4 : le nombre résultant sera la quantité de degrés correspondante dans l'échelle de Réaumur.

Pour faire l'opération inverse , divisez par 4 le nombre de degrés donnés par le thermomètre de Réaumur, multipliez le quotient par 9, et ajoutez 32 au produit : le résultat est la quantité de degrés correspondante selon la division de Fahrenheit.

EXEMPLES.

Première opération.

Supposons degrés de Fahrenheit..................... 122°
Déduction du point de congellation............... 32
Différence qu'on divise par 9..................... 90
Quotient multiplié 10
Par... 4
Degré de chaleur équivalent , selon Réaumur....... 40°

Deuxième opération.

Supposons degrés de Réaumur...................... 40°
Résultat de la division par 4.................... 10
Multiplication par 9............................. 9
Produit... 90
Addition de 32°................................. 32
Degré de chaleur équivalent selon Fahrenheit....... 122°

Post-Scriptum. Des observations du capitaine Truxton, postérieures à celles qu'on a consignées plus haut, sont arrivées trop tard pour pouvoir être employées. On croit cependant devoir en donner un extrait succinct, à cause des aperçus nouveaux qu'elles présentent, et parce qu'elles prêtent un nouvel appui à la théorie développée dans cet ouvrage.

Extrait d'une lettre de Thomas Truxton, écuyer, à Jn. Williams.

12 août 1799.

« Les services que vous avez rendus à la navigation sont beaucoup plus étendus que vous ne le présumiez. Depuis les voyages que nous avons faits ensemble, j'ai eu occasion de vérifier, à plusieurs reprises différentes, l'utilité du thermomètre sur les côtes de l'Amérique. Il y a plus : je l'ai employé avec autant de succès dans les mers qui embrassent l'Ethiopie, l'Arabie, l'Inde et la Chine, dans les golfes de Siam, du Bengale, et diverses autres parties du globe.

» Cet instrument est surtout précieux pour les marins peu exercés aux observations astronomiques, et dans le calcul des longitudes en mer. Ceux-là, surtout, ont besoin d'une méthode simple pour reconnaître leur approche des côtes, particulièrement en hiver. Les voyages peuvent être prolongés dans cette saison plus que dans toute autre, si l'on ignore la position et le cours du Gulf-Stream, si l'on ne sait pas s'assurer de sa présence. Des capitaines négligent un coup de vent favorable, par l'idée qu'ils sont déjà très-près de la côte, ou viennent s'y perdre parce qu'ils n'ont pas apprécié l'influence des contre-courans. Il ne s'écoule pas d'année sans que ces faits ne se reproduisent. »

———

Exposé de faits relatifs aux îles de glace, et tendant à démontrer leur cours depuis le Groenland jusqu'à Terre - Neuve, les obstacles qu'elles présentent à la navigation, leur influence sur la température de l'Océan, et les effets qu'elles ont produits durant le printemps et l'été de 1805, sur le climat de l'Amérique septentrionale, jusqu'au-delà de New - Yorck ; par Samuel Mitchill, du Congrès des Etats-Unis, etc., etc., daté de New-Yorck, le 26 décembre 1805, et continué par l'éditeur jusqu'en 1819.

La migration des glaces polaires a été remarquée depuis longtemps. Détachées du cercle arctique, ces glaces ont atteint jusqu'au 40e parallèle. Du côté du pôle antarctique, leur présence par le 37e degré de latitude a été également constatée. Les vaisseaux des Etats-Unis d'Amérique qui font la navigation de l'Irlande, de l'Angleterre et du nord de l'Europe, sont, pendant les étés, et particulièrement au mois de juin, exposés à leur rencontre; elles ont même été la cause du naufrage de plusieurs. Je suis à même d'en citer des exemples malheureusement trop certains.

L'histoire des glaces polaires n'offre rien d'aussi extraordinaire que ce qui arriva au printemps de l'année 1805. Dès le commencement d'avril elles avaient gagné les bancs de Terre-Neuve; personne ne se ressouvenait d'en avoir vu une aussi grande quantité. Afin que l'on puisse se former une idée de ce phénomène, je vais rapporter les faits principaux que divers navigateurs ont consignés dans leurs relations.

Le navire *le Citizen*, capit. Hubbel, allant de New-Yorck au Texel, rencontra de la glace le 11 mars 1805, à l'Est du grand banc de Terre-Neuve. Il lui fallut cinq jours pour s'en débarrasser. La mer était excessivement froide; les voiles du navire furent gelées et devinrent aussi inflexibles que des planches. Un homme de l'équipage a rapporté que cette glace paraissait aussi étendue que l'île de Governor de la baie de New-Yorck.

Le capitaine Law, commandant *le Jupiter*, allant de Londres à New-Yorck, rencontra de la glace le 6 avril, par lat. 44° 20′, et long. O. de Greenwick 49°.

Elle était d'une étendue immense, et composée de grandes masses et de petits morceaux brisés ; un brouillard épais l'enveloppait. Après de longs efforts pour en sortir, le navire reçut un choc qui le fit couler bas avec vingt hommes qui composaient son équipage.

Le capitaine Bennet, commandant l'*Oliver Elsworth*, trouva, le 7 avril, par lat. 45° 46′, long. 47°, dans la traversée de Liverpool à New-Yorck, une vaste étendue de glaces. Le navire, que l'on avait garni avec des cables et des pièces de bois, passa à travers ; mais le froissement fut tel, que les pièces de bois finirent par être réduites en morceaux. Il régnait un brouillard si épais qu'il était impossible de rien distinguer à une distance double de la longueur du navire.

Le 21 avril, le capitaine Bool, se rendant de Liverpool à New-Yorck, fut surpris par les glaces par lat. 43° 20′, long. 53° 18′. Il lutta contre elles depuis le bord occidental du grand

banc de Terre-Neuve , par 41° 50', long. 56° 5',
jusques fort loin au Sud du banc des Marsouins.
L'atmosphère était brumeuse et l'eau très-
froide.

Le navire *le Sally* , capitaine Bigby , chargé
de coton à la destination de Greenock , se perdit, la nuit du 25 avril, par suite d'un choc contre
une île de glace. Le temps était brumeux. Le
beaupré et le mât de misaine se rompirent par
l'effet du contre-coup ; les côtés se séparèrent
de la quille : ce bâtiment finit par couler bas
au bout de cinq heures. Une partie de l'équipage se perdit. Cet événement arriva par latitude 42° 30', et long. 52°.

L'*Hercule* rencontra aussi les glaces dans la
traversée de Philadelphie en Europe. Un de
ses passagers fit connaître dans le temps, par la
voie des journaux, les circonstances particulières dans lesquelles ce navire se trouva.

Le *Morning-Star* , de Boston, capitaine Hop-
kins , venant de Bordeaux, entra dans les glaces
le 7 mai par long. 45°. Elles continuèrent jusqu'au 20 du même mois , époque où il arriva
au bord Est du grand banc. Leur largeur, par
conséquent, était de 30' de longitude. Le temps
était extrémement froid et brumeux; on eût
pensé être encore en hiver. Le capitaine Hop-

kins n'avait jamais vu de glaces semblables, quoique depuis trente-six ans il naviguât constamment dans ces parages.

Dans le voyage de Liverpool à Baltimore, l'*Oliver*, capitaine Richard, passa au milieu de glaces qui couvraient le grand banc de Terre-Neuve. Cela dura depuis le 18 jusqu'au 21 mai.

Le capitaine Thomson, allant de London-derry à New-Yorck, fut embarrassé dans les glaces depuis le 31 mai jusqu'au 2 juin, entre les 46 et 54 degrés de long., et par 42° environ de latitude. Il passa à travers, et observa qu'elles se prolongeaient fort avant au Sud et au Nord. Le brouillard était très-épais et le froid insupportable.

D'Amsterdam à Boston, le capitaine Hilman, commandant le brick l'*Union*, vit de la glace entre le 10 et le 13 juin. Elle lui parut large d'un mille, et haute de 80 à 90 pieds au-dessus de l'eau.

De Nantes à New-Yorck, le capitaine Skid-more, commandant *le Mississipi*, atteignit les glaces le 12 juin et en sortit le 14. Entre ces deux époques il avait été de 49° 30′ de long. à 54°, et de 42° 17′ de lat. à 42° 37′. La plus grande île de glace se trouva à l'Ouest du grand banc. Elle était longue d'un mille et haute d'environ 200 pieds. L'eau fut excessivement froide, et le temps très-dur pendant tout le voyage.

Le capitaine Swaine, commandant l'*Esperance*, arriva à New-Yorck le 21 juin. Il avait traversé la station de Terre-Neuve à une hauteur où l'influence du Gulf-Stream devait se faire sentir, par 42° de latitude. Il ne vit pas de glaces ; mais les pêcheurs de Block-Island lui racontèrent les dangers qu'ils avaient courus et les dommages qu'elles leur avaient fait éprouver. Le capitaine Swaine fut assailli dans sa route par plusieurs coups de vent du N. O., et souffrit beaucoup d'un froid très-rude qui dura jusqu'à la côte.

Les gazettes de New-Yorck, du 26 juin, contenaient l'annonce que l'*Iris*, capitaine Gross, allant d'Amsterdam à Baltimore, avait relâché à New-Bedford, afin de réparer les avaries causées par la glace.

Après avoir tenu la mer pendant quarante jours, le capitaine Delano, parti de Liverpool sur le navire *le Savage*, arriva à New-Yorck. Il rapporta avoir vu la première glace le 3 juin, par lat. 43° 6', et long. 45° 25'. C'était une masse unique de forme pyramidale, aussi haute que les mâts du navire. Du 4 au 6 du même mois, six autres îles de glace, de même forme et de mêmes dimensions, se présentèrent. La dernière reconnue était par 41° 42′ de latitude. Toutes gisaient à l'Est du grand banc, et à un degré environ du Gulf-Stream.

New-Yorck, le 15 mai 1812. Le capitaine Wheaton, arrivé de Newry en Irlande, sur le *Massasoit*, avec des passagers, a vu, le 23 avril, par 45° 3o′ de lat., et 44° 3o′ de long., environ quarante îles de glace haute d'une centaine de pieds.

Le 14 mai, *la Louise*, capitaine Alcock, est arrivée à New-Yorck, venant de Liverpool par la voie de Waterford en Irlande. Le 23 avril, par lat. 43° 34′, et long. 55° 33′, ce navire rencontra quarante-trois îles de glace de 140 à 150 pieds de hauteur. Il ne put éviter d'y être engagé, et employa un jour et demi pour en sortir.

Le capitaine Forman, venant de Greenock, arrivé le 18 mai à New-Norck, après vingt-trois jours de traversée, découvrit plusieurs grandes îles de glace et gouverna plus au Sud afin de les éviter. Elles présentaient beaucoup de dangers par leur nombre et leur volume.

Le *Fame*, capitaine Paul, venu avec un chargement de fer, de Slavanger en Norwège, en 49 jours, arrivé le 19 mai, passa le 22 avril sur le banc de Terre-Neuve, et y rencontra une quantité considérable de glaces.

Le brick l'*Hepsa* , venu de Londonderry avec des passagers en 23 jours , arrivé le 20 mai. Ce navire trouva plusieurs grandes îles de glace à la station de Terre-Neuve.

Est arrivé le 20 mai , à Philadelphie , **le** *Francis* , capitaine Merrill , venu en 30 jours de Cork. Ce bâtiment fut assailli par les glaces à l'extrémité ouest des bancs de Terre-Neuve , et ne gagna une mer libre qu'après être resté trois jours en danger au milieu d'elles.

Est arrivé le 20 juin , à New-Yorck , *le Mentor*, venant de Lisbonne. Ce navire était chargé de vin et de fruits. Sa traversée dura 35 jours. Il fut retenu 4 ou 5 jours par de grandes glaces.

New-Yorck , le 16 *avril* 1816., est arrivé l'*Ann-Marie*, venu en 50 jours de Liverpool. Ce bâtiment rencontra, le 1er avril, sur les bancs de Terre-Neuve , *le Rubicon* , parti depuis onze jours de Boston, et en destination pour Pétersbourg. *Le Rubicon* était en détresse. Il avait, le 30 mars, par lat. 43°, long. 51°, abordé une île de glace qui lui avait causé des avaries majeures , desquelles était résultée une voie d'eau considérable. Le même jour , 1er avril , on eut en vue , à l'Ouest des bancs , deux îles de glace de 56 brasses de hauteur.

Le capitaine Rea , commandant *le Trident* , dans son voyage de Liverpool à New-Yorck , tomba au milieu d'une immense quantité de glaces, par lat. 42° 50′, et entre les 49 et 51° de long. Il y resta engagé pendant deux jours, et arriva à New-Yorck le 1ᵉʳ mai.

Baltimore, 28 *avril.* Le 11 avril, par lat. 45°, et long. 47° 50′, l'*Oscar*, capitaine Hill, dans un voyage à Lymington, longea, l'espace de 100 milles, un champ de glaces dirigées N. E. et S. O.

Philadelphie, 16 *mai* 1816. Le navire la *Didon*, venu en 35 jours de Newry, passa, depuis le 17 avril jusqu'au 20, par lat. 42° 30′, long. 49° 51′, au milieu d'une centaine d'îles de glace.

Boston, 4 *mai.* Le *Governor Carmer*, venu en 32 jours du Hâvre-de-Grâce, avec un chargement de produits français, rencontra, à l'Est du grand banc de Terre-Neuve, des montagnes de glace.

Philadelphie, 6 *mai.* Le navire *le Nancy*, venu de Newry avec des passagers, atteignit les glaces le 16 avril, et navigua cinq jours sans pouvoir s'en dégager.

Liverpool, 18 *avril.* Le *Vigilant*, capitaine Young, est arrivé de Philadelphie après avoir été entièrement cerné par les glaces pendant 33 heures, par lat. 45° 50′, long. 45° 31′.

Boston, 7 *mai.* Le *George-Porter*, capitaine Foster, venu de Liverpool avec un chargement de sel et de charbon, héla le navire l'*Oscar*, capitaine West, le 22 avril, par lat. 43° 25′, long. 53°. Cinquante à soixante îles de glace étaient alors en vue. Le capitaine Porter venait de faire déjà 90 milles à travers; le capitaine West, qui avait suivi une route opposée, l'informa qu'elles s'étendaient à 200 milles à l'Ouest. Le capitaine Porter, en continuant son voyage, n'en fut débarrassé qu'à 130 milles à l'Ouest du centre du grand banc.

New-Yorck, 25 *mai*. Le *Kentucky* tomba, sur le banc de Terre-Neuve, parmi des îles de glace dont quelques-unes avaient 100 pieds de haut.

Boston, 6 *mai*. Le 26 avril, à deux heures du matin, par 43° de latitude sur le grand banc, et 45 brasses d'eau, le navire *le Mary*, de Liverpool, capitaine Barber, fut surpris par des îles de glace éloignées seulement de vingt verges. Il ventait bon frais, il y avait de la pluie et du brouillard. Quand le jour parut, le capitaine Barber était cerné de tous côtés. Il parvint cependant à s'éloigner vers les six heures du soir. Le 21 avril, le vent soufflait du N. E., il n'y avait pas de glaces en vue ; mais le 22 on en aperçut une large masse à 4 lieues environ dans le N. E., par lat. 41° 26′. Un navire anglais que le *Mary* héla, venait de sortir des glaces et les avait rencontrées par lat. 48° 45′.

Il résulte de ces rapports, qu'elles avaient, dans la direction Est et Ouest, un développement d'environ 5o lieues. On doit présumer qu'elles étaient plus étendues encore dans la direction Nord et Sud. Le temps, par ces latitudes, était pluvieux et froid ; il y avait beaucoup de brouillard et de fréquentes raffales.

New-Yorck, 1ᵉʳ *juin*. Le *John Hamilton*, de Saint-Ubes, vit des îles de glace à l'Est des bancs de Terre-Neuve.

Quebec, 21 *mai*. Des passagers arrivés sur le *Sunday*, de Montréal, et qui avaient mis à la voile le 4 avril, à Greenock, nous déclarèrent s'être trouvés cernés par les glaces l'espace de dix-neuf jours, et que treize autres bâtimens étaient dans la même situation à la même époque.

On a reçu des lettres des passagers *du Rising Hope*, capitaine Morison. Ce navire ne faisait que la navigation de Liverpool à Montréal. Brisé par les glaces, il coula bas le 23 du mois dernier, au large du cap Ray. L'équipage et les passagers se sauvèrent dans la chaloupe et furent recueillis par un autre bâtiment.

New-Yorck, 24 *septembre*. Le capitaine Gooday, commandant *le Jones*, venant de Pétersbourg, nous informe que le 31 août, par lat. 46° 5o′, et long. 47° 54′, il vit une île de glace d'un mille à un mille et demi de longueur, haute de 5o à 6o pieds environ, qui dans le premier moment fut prise pour un nuage.

Le capitaine Waite, commandant l'*Ann-Maria*, dans son voyage de Liverpool à New-Yorck, en 1819, dépassa, les 13 et 14 mars, de larges îles de glace qui se trouvaient aussi Sud que le 43e parallèle, et par long. 53 degrés.

Avril, 1819. L'*Importer*, commandé par Abner Basett, et venu de Liverpool à New-Yorck en 53 jours, passa, le 14 mars, par latitude 43° 3o′, long. 47° O., à dix milles de distance d'une île de glace, qui paraissait longue de sept milles, large de quatre, et haute de 15o à 2oo pieds. Ce navire en rencontra plusieurs autres de petite dimension, par lat. N. 42° 3o′, long. 51° 5o′ O.

L'on ignore les limites de l'espace occupé par les glaces polaires au sein de l'Océan ; mais il résulte toujours de l'exposé qui vient d'être fait, qu'elles rendent très-dangereuses les communications entre les Etats-Unis d'Amérique et le Nord de l'Europe, particulièrement depuis le 41e degré de latitude jusqu'au 46e, et du 45e au 56e de longitude. On croit même avoir la preuve qu'actuellement elles parviennent à des parallèles plus voisins de l'équateur, au-delà de New-Yorck et de Sandy-Hook.

Tous les navigateurs qui ont passé au milieu de ces glaces flottantes , se sont accordés à dire que leur atmosphère était grise et froide. On peut penser , au reste , que les dégels sont ordinairement accompagnés de brouillards épais : ce phénomène est occasionné par la perte de calorique qu'éprouve l'air en favorisant la fonte de la glace ou des neiges. Nous dirons , à cette occasion, que des gens de mer expérimentés prétendent qu'il est possible d'être averti de l'approche des glaces par des phénomènes météréologiques aisés à remarquer ; mais il faut en même temps avoir égard aux saisons , aux latitudes et longitudes. On attribue, entr'autres, à la glace, une lumière propre que les nuages réfléchissent, et qui a quelques-uns des caractères de l'aurore boréale.

Mais d'où viennent ces quantités prodigieuses de glace ? Comment se sont-elles formées ? Il est évident qu'elles ne peuvent appartenir qu'à des régions où règne un froid non interrompu, aux mers arctiques. On remarque dans leur structure des zônes de nuances diverses , régulièrement superposées et jointes ensemble par des lits de neige. Il y a de ces zônes qui sont diaphanes et blanches ; d'autres sont de couleur verte ou bleue. Or, on reconnaît ici les produits accumulés de plusieurs hivers consé-

cutifs. La nature paraît donc travailler sans re-
lâche à la composition de grandes masses glacées
qu'elle tient attachées aux pôles de la terre.
Lorsque ces masses ont acquis beaucoup d'élévation, il s'en détache sans doute quelques parties qui, roulant au loin au sein de l'Océan, y
font apparaître, selon qu'elles étaient solides
ou friables, des *îles* ou des *champs de glace*.

Voici des observations que le capitaine Midd-
leton, qui commandait, en 1741 et 1742, le
vaisseau de S. M. *le Furnace*, a consignées
dans ses journaux :

« Les glaces que j'ai rencontrées dans mon
passage à la baie d'Hudson, étaient plus sur-
prenantes encore par leurs dimensions gigan-
tesques que par leur nombre. J'en ai vu des
masses de trois à quatre milles de circonférence,
dont la base était à 100 pieds dans la mer, et
qui s'élevaient de 60 à 70 au-dessus de sa superficie. Elles sont fréquemment portées jusqu'aux bancs de Terre-Neuve, aux côtes de la
Nouvelle - Angleterre ; mais alors leur volume
est déjà beaucoup diminué.

» Après avoir remonté le détroit d'Hudson
pendant trois ou quatre jours, je m'approchai
d'une de ces masses de glace, et y fis une
marque, afin d'observer les effets de la marée.
Or l'eau s'éleva de 4 brasses, et reprit sa pre-

mière hauteur à la mer basse ; d'ailleurs la sonde
avait annoncé 100 brasses de fond sur tous les
points : j'en conclus que cette glace avait sa
base à la même profondeur et qu'elle touchait
au fond de la mer. Je m'assurai également que
trois *îles de glace*, comme on est convenu de
les nommer, qui se trouvaient dans le hâvre de
l'île de la Résolution, étaient aussi appuyées
sur le fond de la mer, mais à des profondeurs
différentes. L'une d'elles ne s'élevait que de dix
verges au-dessus de la superficie de la mer, et
l'on avait 3o brasses d'eau à l'entour ; pour une
autre il y eut 10 verges de hauteur et 28 brasses
d'eau.

» J'ai cherché à me rendre compte de la for-
mation des îles de glace ; le système que je
soumets au lecteur m'a paru le plus vraisemblable. Le détroit de Davis, les baies de Baffin
et d'Hudson, Anticosta ou le Labrador, sont
bordés, dans toute leur étendue, de côtes escar-
pées et de mers qui ont partout 100 pieds et
plus de profondeur. Des glaces et des neiges
séjournent dans les nombreuses entrées qui pénètrent au milieu des terres ; augmentées sans
cesse par le travail d'hivers perpétuels, elles
acquièrent beaucoup de solidité, de vastes dimensions, et finissent par atteindre le fond des
eaux qui les supportent. Les inondations aux-

quelles ces climats sont sujets à des intervalles de quatre, cinq ou sept ans, surviennent alors et les entraînent vers l'Océan. Retenues d'abord près des côtes par les vents variables des mois de juin, juillet et août, les pluies, les neiges, les brouillards, le froid entretenu par des plaines de glace de plusieurs centaines de lieues, tout enfin concourt à donner encore de l'accroissement à leur volume. Le vent de N. O. est le seul qui puisse les pousser sous des latitudes méridionales. Ce vent règne, à la vérité, pendant neuf mois de l'année; mais son action est en partie détruite par la solidité qu'il donne en même temps à la surface de la mer, laquelle se gèle à une profondeur de quatre à dix brasses. Le mouvement des masses en question doit être par conséquent d'une lenteur extrême. Il y en a, c'est mon opinion, qui mettent des siècles à parcourir les 5 ou 600 lieues qui les séparent des 40e et 50e degrés, de ces parallèles où la chaleur de soleil et de l'eau les consume en peu de temps. »

Le climat du Groenland est un de ceux où le froid n'éprouve aucune interruption. Les habitans du Nantucket visitaient, il y a trentecinq ans environ, l'île de Disko, dans le détroit de Davis, afin d'y recueillir de l'huile et des côtes de baleine. Depuis cette époque, le passage entre Disko et le Groenland a été tellement obstrué par les glaces, qu'il n'est plus possible d'y pénétrer, même avec le plus petit navire. Leur progrès a fait déserter d'abord la côte occidentale du Groenland; et comme d'année en année elles gagnent davantage à l'Est, vers le vieux Groenland, il faudra sans doute bientôt l'abandonner à son tour. Des physiciens ont remarqué dans ces derniers temps, que l'augmentation du froid et l'embarras des mers du Groenland avaient influé sur la température de l'Islande. Les mêmes causes ne peuvent-elles pas, en acquérant plus d'énergie, étendre leur influence plus loin? La surface entière de l'Océan ne peut-elle pas se geler et produire des *montagnes de glace* sur ses bords trop longtemps obstrués? On conçoit aisément, dans cette hypothèse, que des tempêtes violentes, ces grandes commotions qui ont lieu quelquefois dans les mers, peuvent briser et porter au loin les glaces qu'elles auront séparées, peuvent abattre les sommités des montagnes de glace et les faire rouler au milieu des eaux.

Plusieurs capitaines ont déclaré que dans leurs passages d'Angleterre aux Etats-Unis ils avaient été assaillis par des vents et des courans du N. E. Ces faits induisent à supposer de

fortes perturbations dans la partie septentrionale de l'Océan. Une partie de quelque continent de glace se sera sans doute détachée pendant les tempêtes de février et de mars. Rompue
ensuite par les flots, surchargée dans les points
les plus solides par les neiges boréales, elle
aura produit ces *champs*, ces *îles de glace* que
l'on rencontre jusques sur les bancs de Terre-
Neuve.

Nous nous en référons, pour de plus amples
éclaircissemens, aux ouvrages qui traitent spé-
cialement de cette matière, et nous allons
même en indiquer plusieurs qui sont à la portée de tout le monde.

1°. *Observations de Forster dans un Voyage
autour du Monde*, chap. 2, sect. 6. Forster
prétend que les îles de glace se forment en
pleine eau, si le froid a assez d'intensité. Il cite
de Mairan, Boyle et Irwing. Selon le premier,
la 40ᵉ partie du volume de ces îles de glace
s'éleverait au-dessus de la surface de la mer ;
d'après le second, ce serait la 10ᵉ partie seulement. Irwing a prouvé, par des expériences,
que la partie qui plonge dans la mer, est à
l'autre comme 60 est à 50. Après avoir parlé
de la masse de glace énorme qui s'arrêta dans
le détroit de Belle-Isle, et qu'une année put à
peine faire fondre, il apporta de nombreuses

autorités à l'effet de prouver que la mer Noire,
la mer Baltique, les océans Germanique, Européen et Asiatique, se congèlent jusqu'à une
grande distance de terre. Forster paraît admettre la congellation de l'Océan Atlantique
dans les régions arctiques, et attribue le refroidissement de l'atmosphère des latitudes méridionales au contact des eaux répandues par ses
glaces lors de leur fusion.

2°. *Lettres de Vantroil sur l'Islande.* La
seconde lettre de ce recueil renferme un tableau fort triste du climat de l'Islande et des
ravages causés par les glaces que les vents
de N. E. et de N. O. apportent de la Norwège,
du Spitzberg et du Groenland.

3°. *Introduction à la Zoologie arctique de
Pemant.* Il y a dans cet ouvrage des descriptions d'îles de glace de 200 lieues de long sur
50 à 60 de largeur, et de montagnes de glace
qui sont de véritables glacières, car elles perdent moins en été qu'elles ne gagnent en hiver.
L'auteur parle aussi du progrès des glaces au
vieux Groenland, depuis le 15e siècle. Selon
lui, les glaces du Groenland occidental sont la
source de celles que l'on rencontre dans l'Océan.

4°. *Etudes de la Nature, par Bernardin de
Saint-Pierre.* L'auteur, dans un système ingénieux, cherche à établir que la fonte des glaces

polaires est la cause des marées et des courans de l'Océan.

Le Gulf-Stream se portant jusqu'à 41° 20' ou 30' N., son extrême limite dans cette direction étant la partie Sud de l'île de Sable, on conçoit que les îles de glace ne peuvent atteindre des latitudes plus méridionales : elles sont contenues par le courant. Si cependant elles entraient dans ses eaux, il les entraînerait à l'Est, à moins que sa haute température ne les détruisît promptement. Alors pour qu'elles apparussent au-delà du 40ᵉ parallèle, il faudrait qu'elles suivissent une ligne extérieure aux limites N. et E. du Gulf-Stream.

S'il n'y avait pas de courans dans ces parties de l'Atlantique, il est hors de doute que les îles de glace ne pénétrassent plus avant au Sud et à l'Ouest, et que la température des États-Unis n'en fût considérablement affectée. Mais l'on est bientôt tranquillisé à cet égard, si l'on considère que les eaux du golfe Saint-Laurent et les parties basses du grand banc arrêteraient les glaces apportées par la remole du Gulf-Stream, et que ce courant leur présente sur tous les autres points une barrière qu'elles ne peuvent franchir.

Par les faits qui viennent d'être exposés, et les considérations auxquelles nous nous sommes

livrés, les habitans du nord de l'Amérique
pourront sans doute mieux juger des causes
capables de modifier l'atmosphère dans laquelle
ils vivent. La chaleur est inégalement répartie
à la surface de notre globe ; on sait combien est
variable la température des bords de l'Océan ,
entre la Chesapeake et le golfe Saint-Laurent.
Il nous a paru, en diverses occasions , que les
glaces flottantes du Groenland avaient fait sentir leur influence dans les climats rapprochés des
tropiques , jusques sous le 40e parallèle. Nous
avons enfin recueilli un certain nombre d'observations nouvelles que nous donnerons sépa-
rément au public. Nous espérons qu'elles seront favorablement accueillies , car elles inté-
ressent la théorie des vents et des courans dans
l'Océan , et par conséquent la navigation et le
commerce des peuples de l'hémisphère septentrional.

~~~~~~

REMARQUES GÉNÉRALES

Sur la Navigation, sur la manière de s'appro-
cher de la terre et de sonder.

L'INCERTITUDE de la Navigation, par rapport
à la longitude, est cause que lorsqu'on veut
aller d'un port à un autre, qui en est considérablement éloigné, on ne tente jamais de s'y
rendre par le rhumb de vent le plus direct. Si
nous partons de quelque port de France, dans
l'Océan, pour aller aux îles Antilles en Amérique, nous courons d'abord assez à l'Ouest pour
décaper, c'est-à-dire, afin de s'éloigner assez des
terres pour qu'il n'y ait pas à craindre surtout
le cap Finistère, lorsque nous dirigeons notre
route vers le Sud. Deux raisons nous invitent
ensuite à entrer promptement dans la zône
torride ; nous y trouvons des vents toujours fa-
vorables, qui viennent continuellement de
l'Est ; ce sont les vents que l'on nomme alisés,
dont la force, toujours la même, n'est pas sujette à des reprises comme celle des vents que
~~~~~~

nous ressentons dans les autres mers. En second lieu, nous nous hâtons de nous mettre par la latitude de l'île où nous nous proposons d'aller ; par exemple, par 14° 36′, si c'est la Martinique, et nous n'avons ensuite qu'à courir précisément à l'Ouest. Nous vérifions chaque jour, en observant la latitude, si nous suivons exactement cette route ; et de cette sorte nous ne pouvons pas manquer de rencontrer l'île, malgré l'imperfection de notre art, quant à la longitude. Si au lieu de nous conformer à cette règle générale, nous dirigions de fort loin notre route sur la Martinique, nous pourrions , en nous trompant seulement de quelques degrés sur le rhumb de vent, passer à 5o ou 6o lieues de l'île , au risque de nous aller perdre sur quelqu'autre terre. Outre cela , comme nous ignorerions de quel côté nous nous serions trompés, en manquant notre but nous ne saurions pas s'il faudrait l'aller chercher à l'Est ou à l'Ouest. Nous évitons tous ces accidens, et nous assurons le succès de notre navigation en poussant très-loin la précaution de nous mettre de bonne heure sur le parallèle du lieu de l'arrivée. Lorsque nous aurons des méthodes immédiates et commodes de déterminer la longitude en mer, nous pourrons aller alors plus directement au lieu de notre destination ; cependant, comme nous devons croire que les occasions d'observer la longitude seront toujours moins fréquentes que celles de déterminer la latitude, on peut penser que l'usage présent ne séra jamais totalement abandonné.

On fait à-peu-près la même chose lorsqu'on revient de l'Amérique en France. On dirige d'abord sa route vers le nord ; on se hâte de sortir de la zône torride, afin de trouver des vents moins contraires ; on cingle ensuite à l'Est, et on se met sur une latitude qu'on choisit, et qu'on suit constamment. Cette latitude règle l'attérage, et on prend exprès celle d'un cap ou d'une île dont on puisse approcher sans risque, et qu'on puisse apercevoir de plus loin. S'il s'agit de doubler un cap fort éloigné, il faut se conformer à la même pratique pour aller d'abord le reconnaître. Supposé que ce cap soit environné d'écueils à une trop grande distance, on ira en reconnaître quelqu'autre en deçà, qui assurera la longitude, et qui servira comme de nouveau point de partance pour former l'espèce de circuit qui doit comprendre la terre qu'on veut doubler. C'est sur cette règle générale, et sur la connaissance qu'on a des vents et des courans, qu'on doit dresser le plan de sa navigation. Les vents et les courans se dirigent vers l'Ouest dans presque toute

l'étendue de la zone torride. Les premiers ex-
citent les seconds ; lorsque les vents soufflent
longtemps du même côté, la surface de la mer
prend du mouvement dans le même sens ; mais
les terres qui sont dans la zône torride détournent aussi les vents de leur première direction,
et elles les en détournent d'une manière qui
est bien digne de remarque : les vents s'écar-
tent de la ligne droite pour aller rencontrer les
côtes presque perpendiculairement : c'est ce
qu'on remarque dans divers endroits de la mer
des Indes et de celle du Sud, de même qu'à
une certaine distance d'Afrique dans notre
Océan. Une partie de l'air entre les deux continens suit la direction des vents alisés, en allant vers l'Ouest, pendant que l'autre partie
prend un autre chemin pour s'approcher de la
côte d'Afrique ; et l'espace du milieu, qui n'est
guère éloigné dans la mer du Nord, de l'inter-
section de notre premier méridien et de l'équateur, est souvent sujet à des calmes et à des
orages que les marins ne sauraient éviter avec
trop de soin. Il y a même des endroits, dans la
zone torride, où les vents ont une certaine direction pendant six mois, et en ont une tout-
à-fait contraire pendant six autres mois : c'est ce
qu'on appelle *moussons*. La mer participe à la fin
aux changemens de direction de vent, et on juge

assez de ces mouvemens qu'il en résulte d'autres, ou parce que les eaux sont plus sujettes à trouver des obstacles , et qu'elles rejaillissent par la rencontre des côtes; ou parce que les eaux qui viennent remplacer celles que le courant principal entraîne , forment nécessairement des courans particuliers. Nous ne devons pas entreprendre d'expliquer ces choses en détail , il nous suffit de bien persuader les lecteurs qu'elles sont de la plus grande importance , et qu'ils ne doivent rien négliger pour s'informer de tout ce qui a rapport aux voyages qu'ils vont entreprendre.

De la Manière de s'approcher de terre.

Lorsqu'on pense approcher de terre , dès le temps même qu'on s'en croit encore assez loin , on doit se tenir sur ses gardes, et ne donner toujours qu'une médiocre confiance à son travail. Il faut aller de nuit à petites voiles , lorsqu'il n'y a point encore de péril à craindre, et il est même de la prudence quelquefois , lorsque les nuits sont longues et obscures, de reprendre un peu le large, c'est-à-dire de courir, non pas parallèlement à la côte, mais de s'en écarter de quelques quarts de vent; l'usage de la sonde est d'un grand secours dans ces rencontres. Il suffit quelquefois de savoir combien il y a de fond ou de profondeur d'eau, pour pouvoir, avec l'observation de la latitude, marquer sur la carte l'endroit où l'on est. On trouve, dans certains parages, le fond à plus de 150 lieues de terre, et il va insensiblement en montant à mesure qu'on avance.

Les pilotes ont des livres qu'ils consultent et qu'ils nomment *Routiers* ; ces livres indiquent non-seulement la profondeur de l'eau, mais toutes les qualités du fonds ; ils marquent si ce fonds est de vase ou de sable, mêlé de coquilles, de petites pierres colorées, etc. Toutes ces différences, qu'on peut reconnaître par la sonde, se réduisent à cinq ou six, et on les écrit quelquefois sur les cartes même, à côté des brasses d'eau.

De la Manière de Sonder.

Il est très-facile de sonder dans les mers peu profondes ; mais l'opération est longue et pénible, lorsqu'en venant de loin, on veut sonder dans des endroits où il y a une grande profondeur d'eau. Il faut alors se servir de cordes ou de lignes de sonde beaucoup plus grosses, et on est aussi obligé de mettre à l'extrémité des poids beaucoup plus pesans, des plombs, par exemple, de 60 ou 80 livres, au lieu de ceux de 20 ou 30 livres qui suffisent ordinairement. Ces poids ont la forme conique, ou de pains de sucre, et ils ont toujours en dessous un creux dans lequel on met du suif. Cette matière, en s'appuyant sur le fonds, se charge de quelques-unes des parties terrestres qui sont en bas, ou reçoit l'impression du rocher s'il n'y a rien autre chose.

On ne peut pas sonder pendant que le navire fait voile, car le choc de l'eau empêcherait le plomb de descendre, et exposerait la ligne à se rompre. Il faut donc nécessairement s'arrêter, ou mettre en panne ou côté à travers. Plusieurs matelots se mettent autour du navire par dehors, ils soutiennent la ligne, et lorsque tout est prêt, ils lâchent à leur tour la portion qu'ils tenaient, et ils ne lâchent qu'autant qu'il est nécessaire, afin de sentir, s'il est possible, la diminution que doit recevoir tout-à-coup le poids total, lorsque le plomb vient à s'appuyer sur le fonds.

Malgré les précautions que l'on prend pour arrêter le navire ; il ne laisse pas de changer de place ; de sorte que la ligne de sonde s'écarte quelquefois beaucoup de la perpendiculaire, ce qui fait qu'en prenant pour mesure la longueur de la ligne, on a une distance trop grande. Si, par exemple , la ligne de sonde était disposée

comme dans la figure ci-dessus , où
le point M est l'extrémité de la ligne qu'on
tient à la main, et B C la surface de la mer ,
on prendrait pour la hauteur de l'eau , M P ,
moins la distance M C. Il est aisé de trouver
à-peu-près cette valeur, si la ligne de sonde
forme une ligne droite : pour cela , on mesure
combien il y a de pieds depuis le point M jusqu'au B, c'est-à-dire , la partie de corde qui
est hors de l'eau. On mesure aussi M C , qui est
la hauteur de la main au-dessus de la surface
de la mer, et on fait cette proportion : M B est
à M C, comme M. P est à M D, ou comme
B P est à C D.

FIN.

TABLE

DES MATIÈRES.

CHAPITRE PREMIER.
ÉCUEILS DE LA PREMIÈRE CLASSE.

Ecueils entre l'Equateur et le 20ᵉ Parallèle. . Pag.   ı

Dangers entre les 20ᵉ et 3o Parallèles. 5

Ecueils entre les 3o° et 4oᵉ Parallèles. 8

Dangers entre le 4oᵉ et le 5oᵉ Parallèles. 17

Ecueils au Nord du 5o° Parallèle. 27

CHAPITRE II.
ÉCUEILS IMAGINAIRES.

Ecueils supposés au Sud du 20ᵉ Parallèle Nord. . . 34

Dangers supposés entre les 20ᵉ et 3oᵉ Parallèles Nord. 36

Ecueils supposés entre les 3oᵉ et 4o° Parallèles Nord. 37

Ecueils supposés entre les 4o° et 5oᵉ Parallèles Nord. 38

Ecueils supposés au Nord du 5oᵉ Parallèle. 41

Tableau des déclinaisons de la Boussole, observées dans l'Océan Atlantique et les mers adjacentes, avec les dates des observations. 43

NAVIGATION THERMOMÉTRIQUE.

Introduction. 49

Observations sur la Chaleur de l'eau de la mer, faite au moyen du thermomètre de Fahrenheit, en traversant le courant le Gulf-Stream, avec d'autres remarques faites à bord du paquebot la *Pensylvania*, commandée par le capit. Osborn, allant de Londres à Philadelphie, en avril et mai 1775. 62

Observations sur la Chaleur de l'eau de la mer, et autres, faites à bord du navire le *Reprisal*, capitaine Wechs, allant de Philadelphie en France, en octobre et novembre 1776. 63

Idem. 64

Journal d'un voyage dans le canal entre la France et l'Angleterre, en se dirigeant vers l'Amérique. 65

Idem. 66

Observations. 67

Mémoire de Jonathan Williams, sur l'usage du thermomètre en navigation. 70

Journal de la température de l'atmosphère et de la mer, dans le passage de Boston à la Virginie, à bord du schooner l'*America*, capitaine Bruce. Par Jonathan Williams. 83

Journal de la température de l'atmosphère et de la mer, dans le passage de la Virginie en Angleterre, à bord du brick le *Mercure*, capitaine Thompson. Par Jonathan Williams. 87

Journal de la température de l'atmosphère et de la mer, dans le passage de Falmouth en Angleterre, à Halifax, à la Nouvelle-Ecosse, à bord du paquebot anglais le *Chesterfield*, capit. Schuyler. Par Jonathan Williams. 89

Observations dans le passage de Falmouth à Halifax. Par Jonathan Williams. 91

Journal de la température de l'atmosphère dans le passage d'Halifax à New-Yorck, à bord du pa-

quebot anglais le *Chesterfield*, capit. Schuyler.
Par Jonathan Williams. 97
Observations relatives au voyage d'Halifax à New-
Yorck. 100
Extrait d'une lettre de F. D. Mason, écuyer,
adressée à New-Yorck, au colonel John Williams. 105
Température de l'air et de l'eau dans la traversée
de New-Yorck en Irlande, en mars 1816. Par
John Carlton, commandant le navire le *Grand
Turc*. 112

APPENDICE.

NOTES ET OBSERVATIONS MARITIMES.

N° 1. Extrait d'un journal d'un officier du vaisseau
de guerre le *Liverpool*, en novembre et décembre 1775, sur les côtes de la Californie et de la
Virginie. 113
N° 2. Extrait du journal d'un officier du vaisseau
de guerre le *Liverpool*, entre le 26 septembre
et le 9 octobre 1775. 114
N° 3. 115
N° 4. Extrait du journal d'un officier du vaisseau
de guerre le *Liverpool*, en juillet, août et septembre 1775. . . . . *id.*
N° 5. Par lat. N. 44° 54', et long. O. 53° 19', à bord
du paquebot anglais le *Chesterfield*, capitaine
Schuyler, 10 juillet 1790. 116
Rapport par don Cipriano Vimercati, directeur des
Académies de marine d'Espagne. 118
Journal de la température de l'air et de la mer dans
un voyage à Oporto et pendant le retour, avec
des notes explicatives. 131

(207)

Journal Thermométrique, dans le passage de Philadelphie à Oporto, sur le navire l'*Apollon*, par
le capitaine Billings. 140
Journal Thermométrique de la température de l'atmosphère et de la mer, dans le passage d'Oporto
à Philadelphie, sur le navire l'*Apollon*, commandé par le capitaine Williams Billings. . . . 142
Idem. 143
Instructions pour l'emploi du Thermomètre en navigation, suivies de remarques diverses. 145
Côtes d'Europe. 147
Côtes de l'Amérique septentrionale. 148
Courans 150

NOTES.

A. Extrait des remarques du capitaine Truxton ;
instructions, exemples. 156
B. Extrait de la relation d'une ambassade en Chine.
Par Sir George Staunton. 159
C. Extrait de la relation de Staunton. . . . . *id.*
D. Extrait des tables de température, de Kirwan. . 160
Tableau de la température moyenne de chaque
Latitude pendant l'année. 163
Tableau, suivant l'ordre des mois, de la tempéra-
ture moyenne de l'espace compris entre le 80°
et le 10° Parallèle de latitude. 163
Idem. 169
Température de la mer. 170
Observations de MM. Wales et Bayley. 171
Observations de M. Bladh. . . . . *id.*
E. . . . . *id.*
F. Méthode pour réduire les degrés du thermo-

mètre de Fahrenheit en degrés du thermomètre
de Réaumur. 172
EXEMPLES. — Première opération. 173
Deuxième opération. . . . . *id.*
Extrait d'une lettre de Thomas Truxton, écuyer,
à Jn. Williams. 174
Exposé de faits relatifs aux îles de glace, et tendant à démontrer leur cours depuis le Groenland
jusqu'à Terre-Neuve, les obstacles qu'elles présentent à la navigation, leur influence sur la
température de l'Océan, et les effets qu'elles ont
produits durant le printemps et l'été de 1805,
sur le climat de l'Amérique septentrionale, jusqu'au-delà de New-Yorck ; par Samuel Mitchill,
du congrès des Etats-Unis, etc., etc., daté de
New-Yorck, le 26 décembre 1805, et continué
par l'éditeur jusqu'en 1819. 175

REMARQUES GÉNÉRALES

Sur la Navigation. 196
De la manière de s'approcher de terre. 200
De la manière de sonder. 201

Fin de la Table.

DE L'IMPRIMERIE DE P. GUEFFIER,

RUE GUÉNÉGAUD, N°. 31.

www.ingramcontent.com/pod-product-compliance
Ingram Content Group UK Ltd.
Pitfield, Milton Keynes, MK11 3LW, UK
UKHW021210140726
13695UKWH00002B/454